未成年人平安自护读本

WEICHENGNIANREN PINGAN ZIHU DUBEN

刘春光 主编

吉林人民出版社

图书在版编目(CIP)数据

未成年人平安自护读本 / 刘春光主编. —2版. —长春:吉林人民出版社,2011.8

ISBN 978-7-206-04631-5

Ⅰ. ①未… Ⅱ. ①刘… Ⅲ. ①安全教育—青年读物②安全教育—少年读物 Ⅳ. ①X925-49

中国版本图书馆CIP数据核字(2011)第180578号

未成年人平安自护读本

主　　编:刘春光
责任编辑:郭春燕
吉林人民出版社出版发行(长春市人民大街7548号 邮政编码:130022)
网　　址:www.jlpph.com
全国新华书店经销
发行热线:0431-85395845　85395821
印　　刷:北京嘉业印刷厂
开　　本:650mm×960mm　1/16
印　　张:13　　　　　字　数:94千字
标准书号:ISBN 978-7-206-04631-5
版　　次:2011年9月第2版　　　印　次:2016年8月第4次印刷
定　　价:25.00元

写给未成年人的话

在纷纷扰扰的世界中，隐藏着许多已知的或未知的危险，作为未成年人的你们是这个世界中弱小的一分子。如何避免受到外界的伤害，除了依赖老师、家长以及善良的叔叔、阿姨的庇护外，更需要学会自我保护。

你们知道动物世界里，弱小的昆虫面对恶劣的生活环境，是如何保护自己的吗？绿色的蝗虫、蚱蜢常常跳跃飞舞于绿草丛中，而它们灰褐色的同胞则出设于褐色地带，这叫保护色；蛾和蝴蝶鲜艳的体色在飞舞时形成刺目的效果，更有昆虫专找和自己体色反差大的地带活动，希图以此恐吓来犯的天敌，这叫警戒色；木叶蝶的斑纹在演化过程中已与树叶的纹络如出一辙，而竹叶虫静止时完全像一片树叶，这叫拟态；单鞘目的昆虫被触碰后立即掉到地上装死，此谓“假死”；还有洁净的昆虫横拟成具有恶臭的苍蝇和带毒刺的蜂，以使敌人远去……

正如世界上没有两片相同的树叶，每一个人的生命也都是独特的。生命对于我们每一个人来说都是极为宝贵的，每个人都应该善待自己的生命，自觉地远离各种伤害源。

你们知道吗？我们国家目前18岁以下的未成年人约有3．67亿。你们是祖国未来的建设者，是中国特色社会主义事业的接班人。国家对你们这个群体是十分关心和爱护的。1991年9月4日，七届全国人大常委会第21次会议通过的《中华人民共和国未成年人保护法》，就是维护你们的合法权益，有效地制止侵犯你们合法权益的行为，保障你们健康成长的有力武器。2004年2月26日，中共中央国务院颁布了《关于进一步加强和改进未成年人思想道德建设的若干意见》，把未成年人的保护问题，提到了党和国家的重要议事日程。你们处在一个特殊成长时期，阅历相对简单，社会经验不够丰富，鉴别是非的能力也较弱，比较容易受到自然灾害、意外事故和社会不良行为的伤害，尤其需要强化自我保护。

你们知道吗？全国平均每天有几十名学生死于本来可以避免的意外事故，他们也许就曾经生活在你们中间。学习未成年人自我保护知识，增强未成年人自我保护意识，提高未成年人自我保护能力，非常重要。

学习掌握自护知识，有助于你们迈好人生的第一步。人生的路很漫长，未成年时期是打基础的阶段。学会自护是生存和发展的基本功。

学习掌握自护知识，有助于你们增强与违法犯罪作斗争的信心和勇气。犯罪分子并不可怕，可怕的是不具备防范犯罪的意识和能力。只有学会了自护，才能在犯罪侵害发生时，保持清醒的头脑，做到临危不惧，运用有效的防卫手段，敢于和善于与犯罪作斗争。

学习掌握自护知识，有助于你们提高分辨是非的能力，学会规范和约束自己的行为。社会是一个复杂的万花筒，既绚丽多彩，又不时滋生一些丑陋肮脏的东西。只有掌握了自护武器，才能更好地认识社会，学会分清是非，识别善恶，远离危险，拒绝诱惑，自觉学法、懂法和守法，成为合格的公民。

为了使未成年人的你们掌握自护知识，中共吉林省委宣传部组织编写了这本《未成年人平安自护读本》。内容涉及日常生活的方方面面，文字通俗易懂，插图形象生动，不仅传授知识和方法，还给人以启迪和警示，很值得尚未成年的朋友和所有关心未成年人成长的人一读。

我们衷心地祝愿广大未成年朋友们把增强自我保护意识和能力作为一门必修课，爱护他人，保护自己，关爱生命健康地度过自己的花季。

目　录

▶ 家庭自护篇

▶ **社会自护篇**

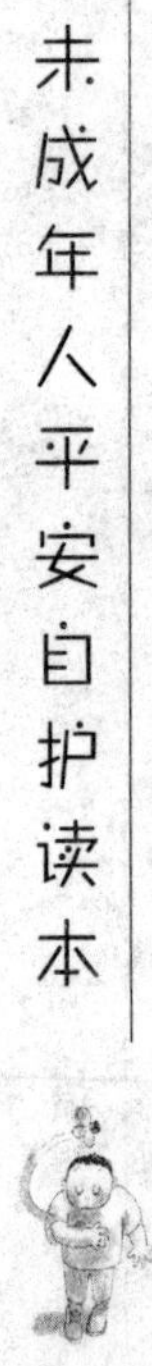
未成年人平安自护读本

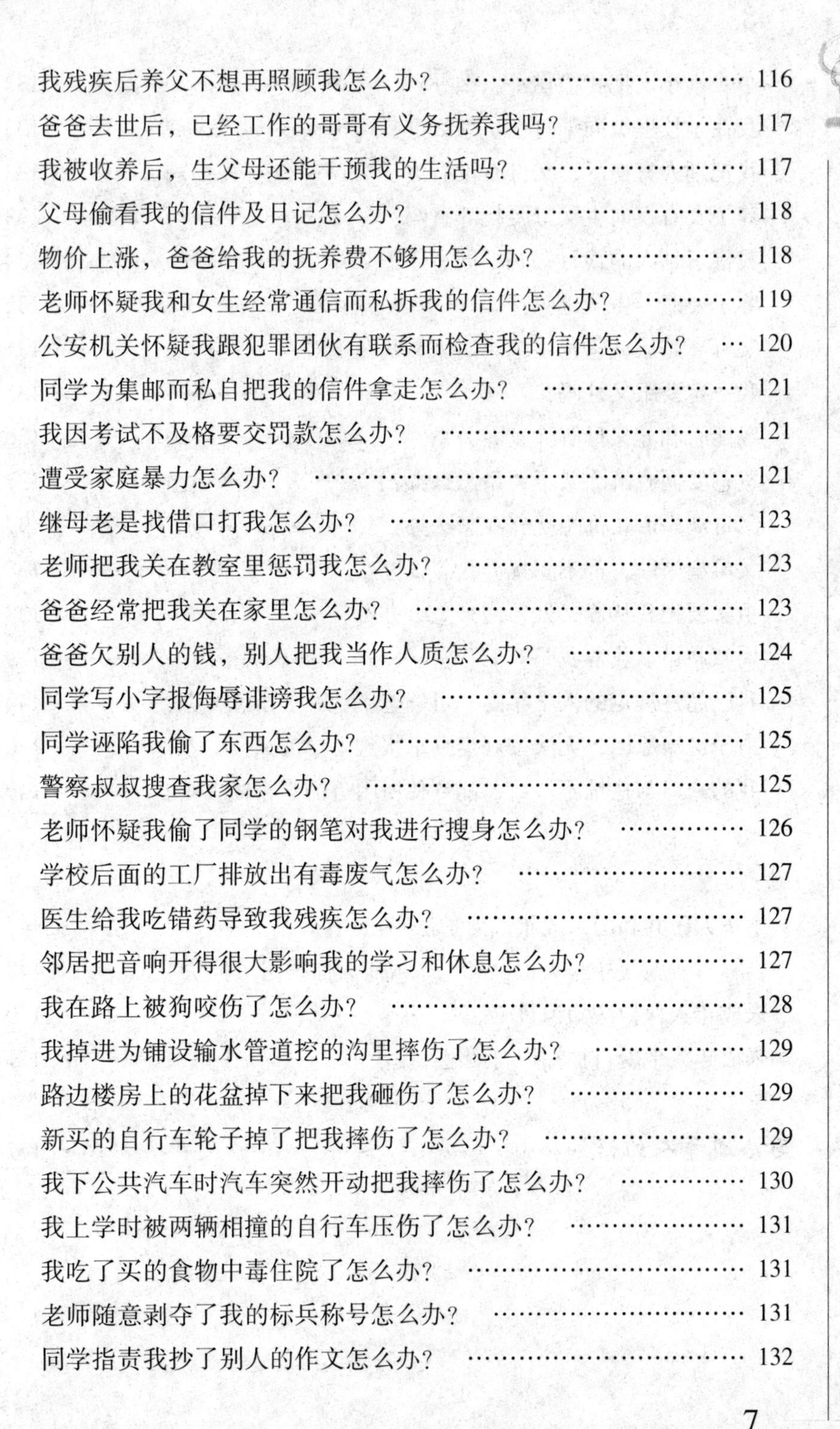

家庭自护篇

人们都说，家庭是个“避风港”，其实这“避风港”有时也会有惊涛骇浪。你们知道吗？我国的儿童意外伤害52%发生在家庭。

2003年8月11日下午，某市有户人家着火，失火时只有孩子一人在家。就在此前一天，也曾发生了8岁女孩失足坠楼，9岁女孩开热水器被烫伤，11岁男孩烧饭引发煤气爆炸的事件。这些意外伤害都是放暑假后少年儿童独自一人在家时发生的。那么当你独自在家的时候，应该注意哪些事情呢？

陌生人来电话怎么办？

一天，丁丁在家做功课，电话铃响了。她急忙跑过去接电话："喂，你找谁？""我找你家大人。""都不在！"，"啪！"丁丁把电话挂了。其实，这样做是不对的，不但不礼貌，而且容易留下隐患。

1. 首先问来电话的人是谁，有什么事。如果你并不认识来电话的人，不要告诉他任何事情。

2. 如果来电话的人找妈妈或爸爸，告诉他妈妈或爸爸现在不方便接电话，一会儿给他回电话。

3. 准确地记下他来电话的时间、他的姓名、电话号码及留言。

4. 如果来电话的人要你父母的电话、手机号码，不要告诉他。

5. 接电话时要有礼貌，但一定不要让那个人知道只有你一个人在家。

陌生人来访怎么办？

暑假的一天，豆豆一个人在家里，"叮咚"，有人在按门铃，"谁呀？""查水表的！"豆豆蹦蹦跳跳地把门打开了。一位叔叔进了门，查看了水表，把抄表单交给了豆豆："小朋友，把这个交给大人好吗？"晚上爸爸回来了，豆豆高高兴兴地把单子交给了爸爸，没曾想爸爸给他上了一课：

1. 平时一人在家，要锁好院门、房门、防盗门、防护栏等。出去玩要要关好门窗，千万别忘记锁门，防止盗贼潜入。

2. 把电视机或音响设备打开，可以使坏人误以为家里有人，不敢做坏事。

3. 千万不要随便给陌生人开门，应该及时把门锁好。喊爸爸妈妈，迷惑不认识的人，让他以为你父母在家。

4. 当有人敲门时，一定要问清来意，对不熟悉或不认识的人，坚决不要开门。特别是遇到有陌生人以修理工、推销员身份

或以收各种费用的名义要求开门时，前者说明家里不需要，后者说暂时无钱，请他们走开。

5. 当坏人想强行闯入，可到窗口、阳台等处高声喊叫邻居或打“110”电话报警，吓跑坏人。

6. 尽管来人能叫出你的名字，你也要提高警惕，坚决不能开门。

接到骚扰电话怎么办?

“叮呤”电话铃声响起来，晶晶吓得扔下筷子，赶紧跑到房间里，用被子把头蒙了起来，怎么会这样呢？经妈妈、爸爸一再寻问，晶晶才说出了实情：原来，最近时常有陌生人打来电话，说些恐吓的、不堪入耳的话，每次晶晶都吓得浑身直哆嗦。骚扰电话会使未成年人心神不定，担惊受怕，对人的身心健康是一种伤害。遭到电话骚扰，你可以这样做：

1. 平时不要把家中的电话号码告诉陌生人。

2. 接电话要问清对方找谁，如对方不做明确答复，可立即挂断电话。

3. 第一次接到骚扰电话，对方要问你的电话号码，千万不能告诉他，这样可以避免再次受到骚扰。因为打无聊电话的人，通常是随手乱拨，他们很难记住所拨的电话号码。

4. 若多次受到骚扰，可以让他讲下去，这时用另一部电话报警，警方可追查电话来源。

发现家中来了小偷怎么办？

苏航放学回到家怎么也开不开门，却听见屋内有响动，他心想：“屋内不会是进了小偷吧？”假如你遇到这种情况，会怎么办？

1. 假如发现窃贼正在室内，而窃贼发现有人回来时，你千万不要进屋，可以迅速到外面喊人，并同时拨打“110”报警，以便将窃贼人赃俱获。如窃贼有汽车、自行车等交通工具，要记下车牌号。

2. 假如室内的窃贼已经发现来人时，要高声呼叫周围的居民群众，请大家协助抓住案犯。如果家住楼房，要记住窃贼的相貌、体态、衣着等，边喊边往下跑，以免窃贼狗急跳墙。

3. 对逃跑的案犯，要及时追出察看其逃离方向，认准其体态、相貌、衣着、可能丢下或带走的工具、车辆，并拨打“110”报警。

4. 如果案犯发现来人是中小学生，用花言巧语辩解时，千万不要对犯罪分子产生怜悯同情之心而失去警惕。同时应讲究斗争策略，表面上可以装出没看见、无所谓或恐惧的表情稳住犯罪分子，防止他对你施行伤害，然后寻找机会逃离报警。

5. 如果发现家里有被偷过的迹象，自己千万不要乱动任何东西，要保护现场，以便破案。

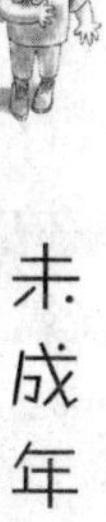

发现有人在撬邻居家的门怎么办?

一天，聪聪在家专心致志地看书，就听对门有开锁的声音，他以为是对门的阿姨回来了。可过了一会，这种声音一直不断。聪聪想：“不对呀!”于是搬来凳子朝“猫眼儿”望去。只见一个陌生人，正在撬对门的门，吓得他不知所措。遇到这种情况应该怎么办?

1. 如果你发现有陌生人在撬邻居家的门，很可能是来了小偷，这时你不要开门喊叫。

2. 你应当打派出所电话或“110“报警。

3. 如果家里没有电话，可在邻居家门口没有情况时，迅速到附近同学或其他邻居家把情况告诉大人，并打电话报警。

见义勇为固然可嘉，但弱小的你要学会见义智为。既抓住了坏人，

又保护了自己，这有多好！

家中突然停电了怎么办？

一天晚上，爸爸妈妈去朋友家做客，小强一个人在家看电视，突然屋里一片漆黑，本来他的胆子就特别小，这下可把他吓坏了。你说他应该怎么办？

1. 到窗口看看邻居家里是否有电。如果只有你家没电，那可能是你家的电闸跳闸或是保险丝断了。这种情况下，不要自己换保险丝或是开电闸。一定要等爸爸、妈妈回来再说。

2. 电还没来之前，可以打开手电筒或应急灯。年龄太小的孩子千万不要自己划火柴或点蜡烛，以免发生火灾。

3. 尽可能关闭停电时处于开启状态的家用电器，但冰箱除外。同时至少要开着一盏电灯，这样就可以知道何时恢复供电。

4. 留在家中较亮的地方，如月光照射进来的窗旁，等爸爸、妈妈回来。

如何安全使用电器？

星星的爸爸买回来一台漂亮的微波炉，趁着家里没人，星星从冰箱里取出两个鸡蛋，放在微波炉中，一按键，微波炉开始加热了。星星美滋滋地回到房间里，静静地等着吃鸡蛋。"嘭"的一声，吓了星星一跳，赶忙跑到厨房去看。原来微波炉里的鸡蛋炸开了，把微波炉的门儿也炸坏了。好在没有伤到人。这件事使他认识到了学会安全使用电器的重要性。使用家用电器，除了应该注意安全用电问题以外，还要注意以下几点：

1. 各种家用电器用途不同，使用方法也不同，有的比较复杂。一般的家用电器应当在家长的指导下学习使用，对危险性较大的电器则不要自己独自使用。

2. 使用中发现电器有冒烟、冒火花、发出焦糊的异味等情况，应

立即关掉电源开关，停止使用。

3. 电吹风机、电饭锅、电熨斗、电暖器等电器在使用中会发出高热，应注意将它们远离纸张、棉布等易燃物品，防止发生火灾；同时，使用时要注意避免烫伤。

4. 要避免在潮湿的环境（如浴室）下使用电器，更不能使电器淋湿、受潮，这样不仅会损坏电器，还会发生触电危险。

5. 电风扇的扇叶、洗衣机的脱水筒等在工作时是高速旋转的，不能用手或者其他物品去触摸，以防止受伤。

6. 遇到雷雨天气，要停止使用电视机，并拔下室外天线插头，防止遭受雷击。

7. 电器长期搁置不用，容易受潮、受腐蚀而损坏，重新使用前需要认真检查。

8. 使用家用电器要符合安全要求，不乱拆卸，以免造成安全性能下降，引发火灾。

9. 电器使用完毕或人离开时，要及时关闭电源，以防电器过热而发生危险。

10. 千万不要随便去触碰正在工作中的一些家用电器，更不能将豆浆机、绞肉机等小家电当作玩具。

触电了怎么办？

闹闹生来就对事物充满好奇心。看到爸爸修理墙上的电源插座时使用了一支笔（其实那是测电笔）。一天，他也学着爸爸的样子，拿着一支金属外套的圆珠笔去“修理”插座，他哪里知道电会“咬人”，笔刚刚插入插口，就把他电了个“后滚翻”。妈妈吓得一时乱了方寸，不知如何是好。

1. 不小心触到了交流电，旁边的人不要惊慌，要立即切断电源；如电源总开关较远，应立即用干燥的木棍、竹杆、塑料制品、橡胶制品、瓷器等绝缘物品，将电线、电器等与触电者分离。

2. 如出现呼吸、心跳停止，应立即将孩子平放在地上，实行人工

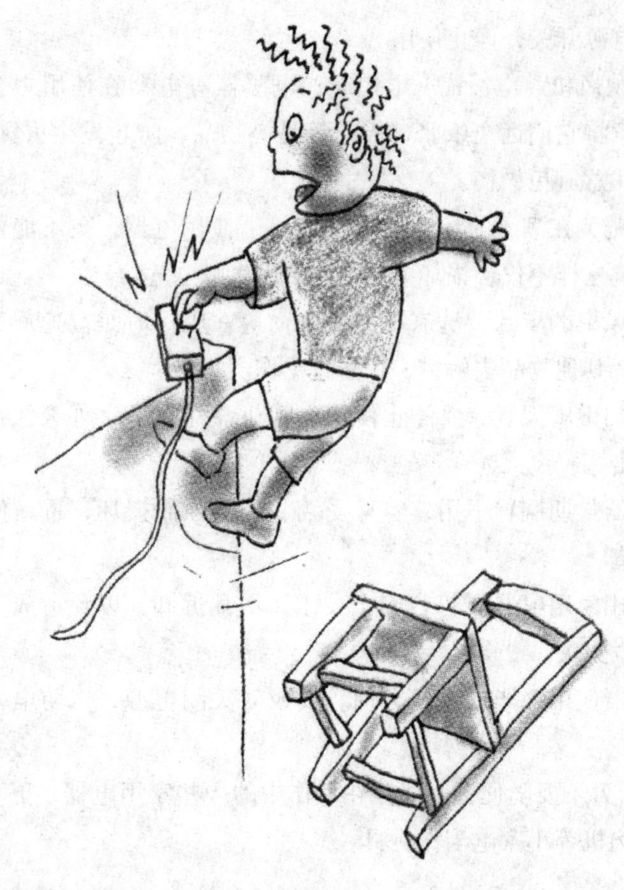

呼吸和胸外心脏挤压。注意：人工呼吸，每分钟 20 – 30 次；胸外心脏挤压，每分钟 80 – 100 次。

3. 立即呼叫急救车，待孩子呼吸、心跳恢复后，马上送往医院。

家中使用火炉如何注意防火?

家庭中的火灾常由用火不慎和使用电器不当引起，同学们要注意：

1. 使用火炉取暖时，火炉的安置应与易燃的木质家具等保持安全距离，在农村，则要远离柴草。

2. 烘烤衣物时要有人看管，人不能长时间离开。

3. 火炉旁不要存放易燃物品。

4. 生火时，不要使用煤油、汽油助燃，以防猛烈燃烧发生火灾。

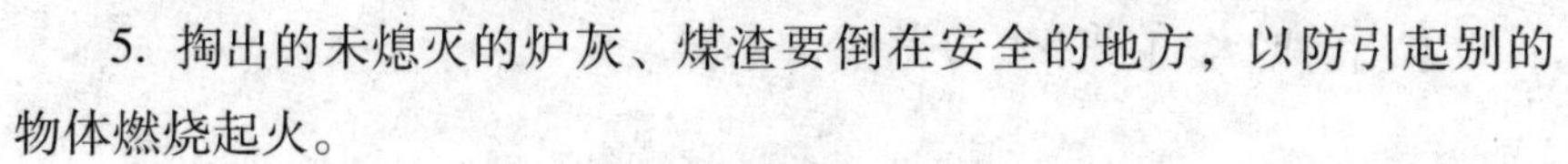

5. 掏出的未熄灭的炉灰、煤渣要倒在安全的地方，以防引起别的物体燃烧起火。

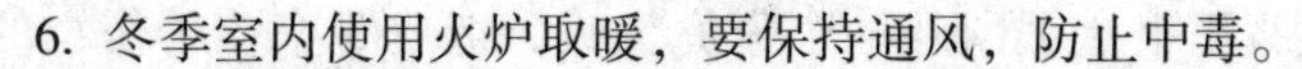

6. 冬季室内使用火炉取暖，要保持通风，防止中毒。

火真的好玩吗？

张亮喜欢读童话。一天读了《卖火柴的小女孩》以后，学着主人公的样子，在家里一根根地划起火柴来，把火柴棍儿随手扔在地板上，幸好妈妈及时回来。火是人类的朋友，对人类有很多好处，妈妈用火煮饭，冬季里人们用火来抵御寒冷。然而，自古道“水火无情”，火一旦失去控制，造成的后果是严重的。在家里玩火一不小心就会引燃家具甚至整座房屋。

火不是用来玩的。当你一个人在家时绝不能以火取乐。俗话说：“玩火者必自焚”，你看玩火有多么可怕！

对轻微的火情应该怎样应对？

一天晚上，王朋点着蜡烛写作业，一不小心把蜡烛碰倒了，引燃了桌子上的草纸。对这种突然发生的比较轻微的火情，同学们应该怎么办呢？

1. 水是最常用的灭火剂，纸张、木头、棉布等起火，可以直接用水扑灭。

2. 用土、沙子、浸湿的棉被或毛毯等迅速覆盖在起火处，可以有效地灭火。

3. 用扫帚、拖把等扑打，也能扑灭小火。

4. 油类、酒精等起火，绝不能用水去扑救，可用沙土或浸湿的棉被迅速覆盖。

5. 煤气起火，可用湿毛巾盖住火点，迅速切断气源。

家中失火了怎么办?

一天，电视里报道了国外一个家庭失火，造成3个孩子伤亡的事件。壮壮的爸爸利用这个机会，给他讲了一些救护方面的常识。

1. 如果是电源插座、电线或电器失火了，应当首先切断电源，再去灭火，不可用手直接拉拽电线。

2. 如果做饭时锅里的油起火了，应该迅速关掉炉火，用锅盖将锅盖上，并将锅端开，千万不可直接往锅里倒水。

3. 如果是天然气或液化气阀门或接口处起火，可用湿毛巾盖在着火处，然后迅速关闭总阀门。

4. 如果屋里已经着火了，并有很大的烟，应尽可能俯身或爬行到门口出去，最好用湿毛巾或衣物捂住鼻、口，以免被烟雾熏晕。开门时可用衣物或毛巾将手包住，以免烧热的门把烫伤手。

5. 如果家中发生了不能自救的火灾，你身单力薄，一定要先挂“119”报警，并叫大人来帮助救火，要以自身安全为重。因为没有比生命更重要的东西了。

身处失火的单元式住宅中如何逃生?

孙长华同学家住单元式居民住宅。一天他独自一人在家，在电视上看到了有关单元式居民住宅发生火灾后的逃生方法：

1. 利用门窗逃生。把被子、毛毯或褥子用水淋湿裹住身体，低身冲出受困区。或用绳索（可用床单、窗帘撕成布条代替）一端系于门、暖气或其他牢靠的固定物体上，另一端系于两肋和腹部，沿绳滑下。

2. 利用阳台逃生。如果是相互连通的相邻单元的阳台，可拆破分隔物，进入另一单元逃生。也可以紧闭与阳台相通的门窗，站在阳台上暂时避难。

3. 利用空间逃生。室内空间较大而火灾荷载不大时，将室内可燃物清除干净，同时清除相连室内可燃物，紧闭与燃烧区相通的门窗，防

止烟和有毒气体进入，等待救援。

4. 利用时间差逃生。火势封闭了通道时，可以先疏散到离火势最远的房间内，在室内准备被子、毛毯等，将其淋湿，利用门窗逃出房间。

5. 利用管道逃生。房间外墙壁上有落水管或供水管道时，平时有攀崖能力的同学可以利用管道逃生。

6. 如果你家里的防盗门是密封的，窗户是金属的，一定要记住：迅速找出可用来密封门缝和窗缝的东西，将门窗缝隙堵塞，绝对不要开门开窗，这样可以争取一定的逃生时间。

火灾逃生的要诀是什么？

一天，爸爸拿回了一本消防安全方面的书，张华认认真真地看了起来，并摘录了如下逃生的要诀：

1. 要强制自己保持镇静，不可惊慌失措，冒险跳楼。逃生时要朝有照明或明亮处迅速撤离。如果在楼梯上，应选择往下跑。如果被火焰封锁，就要通过阳台或窗口向外逃生。

2. 当你被浓烟围困时，用折叠多层的湿毛巾捂住口鼻，可减少60%烟雾毒气吸入。

3. 着火后，千万不要在弄不清方向的情况下乱跑，如普通电梯一旦断电，就等于钻进死亡的“囚笼”。同时，也不可躲入床下或壁柜中，这样会令救援者难以发现。正确的方法是：沿着烟气不浓、大火尚未烧及的楼梯、应急疏散通道或楼外附近敞开式楼梯等往下跑。一旦受到烟火或人为封堵，应从水平方向选择其他通道，或临时退守到房间及避难层内，争取时间，然后采用其他方法逃生。

4. 当烟雾太浓时，可以用湿毛巾或湿布捂住口鼻，屏住呼吸，防止烟雾毒气呛入体内。因烟气及毒气比空气轻，俯卧爬行时应贴近地面，可避免被毒气熏倒而窒息。

5. 如果火灾发生时安全通道被堵，你可迅速利用身边的绳索或将窗帘、被罩、床单等撕成条，连接成绳，用水浇湿，一端固定在暖气管道或其他比较牢靠的物体上，另一端沿窗口垂至地面或较低楼层的窗口、阳台处，顺绳下滑逃生。

6. 你的邻居或相邻的房间起火，如果用手摸房门感到烫手，说明房外火势很猛，如果此时开门，火焰和浓烟就会迎面扑来，此时应该紧闭门窗，用毛巾、被子堵塞门缝，并向上泼水。

7. 当你在无法冲出火海的情况下，可以逃进浴室、卫生间等。因为这些这些房间既无可燃物又有水源，进入后立即关闭门窗，等待救援。

8. 当你身陷火场，通向出口的楼梯已经被烟火封锁时，可利用阳台转移到相邻房间或楼层。

9. 当你已经逃离火场时，切勿贪恋财物，重返着火的房间内，以免遇到新的危险。

10. 当你被火包围，无法逃生时，可以向窗外晃动鲜艳的衣物或敲击有声音的金属制品。如果在晚上，可以用手电筒不停地在窗口闪动，及时发出求救信号，以引起救援者的注意。

高层建筑发生火灾如何逃生？

李娜同学家住 23 层。暑假的一天，小区物业管理部门组织了一次高层住宅失火逃生方法的演练，她从中学到了这方面的知识：

1. 尽量利用建筑内部设施逃生。利用消防电梯、防烟楼梯、普通楼梯、封闭楼梯、观景楼梯进行逃生；利用阳台、通廊、避难层、室内设置的缓降器、救生袋、安全绳等进行逃生；利用墙边落水管进行逃生；将房间内的床单或窗帘等物品连接起来进行逃生。

2. 不同部位、不同条件下的逃生方法。当某一楼层或某一部位起火，且火势已经蔓延时，不可惊慌失措盲目行动，而应注意听火场广播，再选择合适的疏散路线和方法。当房间内起火，且门已被封锁，可通过阳台或走廊转移到相邻的未起火房间，再行疏散。如果晚上听到火警，应首先看房门是否变热，若已变热，门就不能打开；若门未热，可通过正常途径逃离房间。当某一防火分区着火，大火已将楼梯间封住，

可先疏散到房顶，再从相邻未着火楼房的楼梯间疏散。如建筑内火大、烟浓，无法逃生，就要紧闭门窗，不断用水浇湿门窗，阻止火势蔓延，切不可打开门窗，更不可跳楼，要想办法与外界联系，等待救助。

3. 自救、互救逃生。利用各楼层存放的消防器材扑救初起火灾。充分运用身边物品自救逃生：如把床单、窗帘等接成绳，进行滑绳自救；或用自来水设法淋湿门和墙壁，阻止火势蔓延。对老、弱、病、残、孕妇、儿童及不熟悉环境的人要引导疏散，共同逃生。

高层建筑发生火灾，逃生的途径不是电梯。因为火灾发生后，电路系统已经受到破坏，进入电梯生还的机会几乎不存在。

电脑着火了怎么办？

盛夏的一天，王冰同学兴趣正浓地在家玩着电脑游戏，忽然屏幕一片漆黑，不一会又闻到了一种焦糊的气味。他曾经听说过电视机会着火爆炸，心想，电脑是不是也会着火爆炸？他的判断果真没错。电脑也会有自燃的可能。

1. 电脑开始冒烟或起火时，要马上拔掉插头或关掉总开关，然后用湿毛毯或棉被等盖住电脑，这样既能阻止烟火蔓延，也可挡住显示屏碎裂的玻璃。

2. 千万不要向失火的电脑泼水，即使已关掉电源的电脑也是这样，因为温度突然降下来会使炙热的显像管爆裂。此外，电脑仍有剩余电流，泼水可能引起触电。

3. 电脑使用时间不要过长，电脑主机附近不要堆放容易燃烧的物品，一但闻到有异味的时候，要迅速关机。

燃放烟花爆竹如何保证安全？

“爆竹声声辞旧岁”。在过年的时候，同学们最喜欢的就是燃放烟花爆竹，然而现在的烟花爆竹种类繁多，“威力”也越来越大，所以在燃放时一定要注意安全。

1. 儿童燃放爆竹时应该由大人带领。

2. 烟花爆竹应该存放在远离火源的安全地方，不能放在炉火旁。

3. 燃放烟花爆竹要远离人群和堆放易燃物的地方。不能在阳台、室内、楼道、仓库、场院等地方燃放鞭炮，也不能在商店、影剧院等公共场所燃放。

4. 严禁用鞭炮玩打“火仗”的游戏，这样做很容易伤人。

5. 燃放时，应将鞭炮放在地面上，或者挂在长杆上，不要拿在手里，这样做很危险，容易发生伤害。

6. 当点燃花炮好长时间没有反应的时候，千万不能急于走近查看或重新点燃，否则，一旦它“死灰复燃”就会炸伤你。

7. 燃放烟花爆竹，不要横放、斜放，也不要燃放“钻天猴“之类的升空高、射程远的难以控制的品种，也不要燃放那些大型的花炮，以防止引起火灾或炸伤人。

8. 邻家放爆竹时，要离得远一些看热闹。

如何使用煤气才安全？

小丽的父母都很忙，“小鬼当家”的她有时不得不自己生火做饭。爸爸妈妈告诉她，使用煤气要注意以下几点：

1. 要读懂燃气器具等使用说明书，严格按照说明书的要求操作、使用。

2. 使用人工点火的燃气灶具，在点火时要坚持“火等气”的原则，即先将火源凑近灶具然后再开启气阀。

3. 经常保持燃气器具的完好，发现漏气要及时告诉父母或通知有关部门检修。使用过程中遇到漏气的情况，应该立即关闭总阀门，切断气源。

4. 使用燃气器具（如煤气炉、燃气热水器等），应充分保证室内的通风，保持足够的氧气，防止煤气中毒。

5. 当你用煤气做饭或烧水时，千万不要只顾写作业或看电视，更不能和小朋友们出去玩，以防炉火被风吹灭或被锅中溢出的水浇灭，造成煤气大量泄漏而发生火灾。

燃气用具漏气了怎么办?

爸爸、妈妈有事出去了，赵明明的肚子饿了，想去厨房找点吃的，打开厨房门一下子闻到煤气的臭味，而煤气开关是关着的，可以肯定是煤气漏气了，如果是你遇到这种情况该怎么办呢?

1. 如果发现房间里有很浓的燃气味，要立刻关闭煤气的总阀门，防止煤气的继续泄漏。

2. 要用湿毛巾捂住鼻子和嘴，并尽快将房间的门、窗打开，让房里通风，降低燃气浓度。

3. 当住宅内发生燃气泄漏时，千万不要立即拨打室内电话找人。因为当你拿起或放下电话话筒时，电话机内叉簧处的接点或铃线圈的衔铁，在瞬间高电压的作用下会产生火花。而当室内泄漏的可燃气体浓度较高时，一遇到火花便有可能发生燃烧或爆炸。

4. 有的同学发觉燃气味后的第一反应就是打开抽油烟机或排风扇，这样做比打电话更危险。抽油烟机或排风扇的开关最容易打火，而且离泄漏点也最近。

煤气中毒了怎么办?

段文礼同学患有先天神经性耳聋。一天，住在外婆家的他半夜起夜方便时，闻到屋里有浓重的煤气味。他一回头，发现父亲和外公、外婆都昏睡不醒。他意识到可能是煤气中毒了。于是他急忙拨打急救中心电话“120”。他心里特别着急，慌乱中只说了一句“我家在文艺路，他

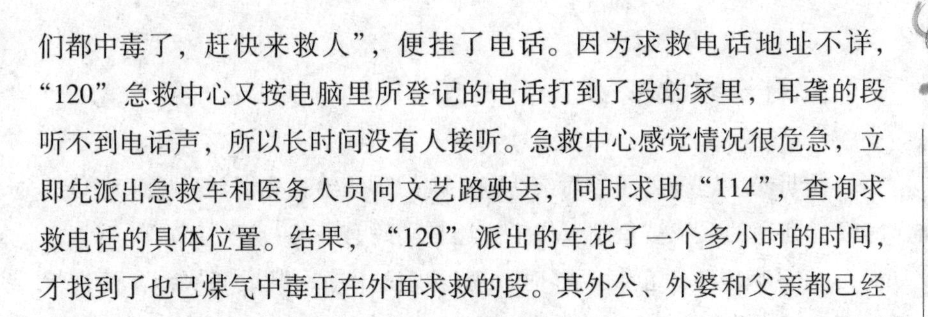

们都中毒了，赶快来救人”，便挂了电话。因为求救电话地址不详，“120”急救中心又按电脑里所登记的电话打到了段的家里，耳聋的段听不到电话声，所以长时间没有人接听。急救中心感觉情况很危急，立即先派出急救车和医务人员向文艺路驶去，同时求助“114”，查询求救电话的具体位置。结果，“120”派出的车花了一个多小时的时间，才找到了也已煤气中毒正在外面求救的段。其外公、外婆和父亲都已经深度昏迷，被“120”急救人员送到医院进行抢救。

发生煤气中毒的时候，你可以这样做：

1. 打开门窗通风。

2. 切断气源。

3. 拨叫急救电话“120”，说清楚具体地址、方位。

4. 把中毒者转移到通风的地方。

5. 如果房间里煤气浓重，不要按门铃、排风扇或者拨打电话，以防爆炸。

此外，睡觉前，一定要养成检查煤气开关的习惯。

吃错药了怎么办？

这天，小莉因为患了痢疾没有上学，妈妈早上出门前告诉她要按时吃药，并把药放在了桌子上。等她醒来之后看也没看药瓶上的标签，就把药吃了，结果吃错药了。如果你遇到同样的情况，应该这样做：

1. 多喝白开水，让腹中药物稀释并及时从尿道排出。

2. 如果服用的药物剂量大且有一定毒性，应立即用手指刺激舌根催吐，并火速到医院就诊。催吐和洗胃之后，喝几杯牛奶。还可取绿豆100克、甘草20克，煎煮30分钟后饮用解毒。

3. 如果误服了腐蚀剂，则不能催吐洗胃，应立即饮大量的牛奶、生鸡蛋清、植物油并迅速到医院处理。同时，别忘了将误吃的药品及包装盒带上，以便让医生对症治疗。

鱼刺卡喉怎么办?

星期天，妈妈买回了几条活蹦乱跳的鲫鱼给亮亮煲汤。中午吃鱼的时候，亮亮的喉咙被鱼刺卡住了。还是妈妈有办法：

1. 吞咽橙皮。鱼刺鲠喉时，把橙皮洗干净，撕成窄块，含着慢慢咽下，用来化解鱼骨。

2. 用维生素 C 软化。细小鱼刺鲠喉，含服维生素 C1 片，慢慢咽下，数分钟后，鱼刺就会软化消除。

3. 饮鸭涎水。倒捉鸭脚让它鸣叫，流出口涎，用干净杯碗接盛，慢慢喝下滋润喉咙，细小鱼刺很快便会溶化。

4. 喝井水。鱼刺卡喉，如果喝醋也不见效，可以在第二天早晨喝1碗井水，用来消除鱼刺。

5. 饮橄榄核水。用橄榄核磨水服下，可以消除鱼刺。

如果以上方法不见效，就需要到医院请医生处理了。

吃鱼时不能着急，要挑净鱼刺再吃。而且，鱼与其他食物不能同时咀嚼和吞咽。

怎样预防异物进入气管？

李文特别喜欢看小品，一天，他边看电视，边吃西瓜子，边捧腹大笑，一不留神儿，把西瓜籽吸入了气管中，憋得他上不来气。气管是人呼吸的通道，如果误将异物吸入气管，就有可能引发咳嗽、呼吸困难、窒息，甚至危及生命。怎样预防异物进入气管呢？

1. 气管异物一般是从口腔误食进入的，所以嘴里含有药粒、糖豆或其它食物的时候，不要说话，更不能将不能融化的异物含在嘴里。

2. 吃东西时不要同时做别的事情，更不要相互追逐、打闹、嬉笑，以免将口中的食物误吸入气管内。

3. 一旦有异物进入气管，应立即到医院诊治。

一但有异物进入气管，要不断地咳嗽，将异物咳出体外是最有效的方法。

耳朵里进东西了怎么办？

夏秋季节，蚊虫特别多，亮亮在楼下的花园里玩得正高兴，一只小虫飞进耳朵，难受极了。亮亮一边使劲抠耳朵，一边跑回家。爸爸有办法，三下五除二就处理完了。

昆虫、沙粒等进入耳道的事时有发生，儿童也时有将小玩具、豆类、纸片等塞入外耳道的时候。

1. 异物进入时，有异物的耳朵朝下，向后上方拉耳朵并连续拍打头部另一侧。不要使用挖耳勺或小镊子，因为这样反而容易将异物推向耳内。

2. 小虫进入时，向后上方拉耳朵，在暗处擦几根火柴或用手电光照有虫子的耳道旁，在光的引诱下，有时小虫会自己飞出来。也可以用香烟烟雾将虫子熏出来。

3. 用食油或3%的硼酸酒精，也可以用70%的酒精1 ~2滴滴在耳内，虫子死后侧倾耳朵或用小镊子夹出来即可。

4. 如果是沙粒、小玩具、豆类、纸片等，可采用单足跳动法，将异物排出。

5. 耳朵进水时，进水的耳朵朝下，单脚连续蹦跳。如不能彻底清除时，可用消毒棉签轻轻探入外耳道，将水吸干。

6. 如果以上方法都没有效果，切忌用粗暴方法强行取出，应尽快去医院耳鼻喉科接受医生的治疗。

7. 虫子飞到或爬进耳朵，千万不要用手或其它东西乱抠，虫子受到惊吓会往里爬，还有可能把耳膜弄破。

有东西进到鼻子里怎么办?

一天，爸爸买了飞儿最爱吃的樱桃，飞儿一口气吃了小半盆儿，一不留神，樱桃核被飞儿吸进了鼻子里。

1. 堵住一侧鼻孔，用力呼吸并擤鼻，一般情况下可以将异物排出。

2. 鼻内异物位置较浅，肉眼能看到时，可以用有齿的小镊取出，但应注意不要损伤鼻腔黏膜。

3. 自行排除鼻内异物不成功时，一定不要强行粗暴取出，容易将异物推向后鼻道，一旦发生这种情况，应请专科医生处理。

打嗝不止怎么办?

宁宁是个喜欢运动的孩子。这天宁宁嘴里一边嚼饭，一边扭腰，不知怎么搞的，开始不停地打嗝，大口咽饭也不停止。这可怎么办?

1. 呃逆又叫打嗝，打嗝时屏住呼吸常常可以停止打嗝。

2. 吃饭时出现打嗝现象，可以用嘴对着纸袋或小型塑料袋反复呼吸多次也可以终止打嗝。

3. 打嗝经常发生并难以控制时，应去看医生，以排除某种病因。

打嗝是件挺烦人的事，但只要你别在意它，一般情况下都会自行消除。

手割破了怎么办?

新学期就要开始了，小华兴高采烈地跟着妈妈从商店买回了五颜六色的书皮纸。每次都是爸爸给她包，可爸爸偏偏出差不在家。小华心想这回我自己包一次书皮，给爸爸妈妈一个惊喜。于是她找来了刀子学着爸爸的样子动手做了起来。“哎呀!”小华的手被割破了，妈妈急忙从

厨房中跑了过来，边处置边教小华一些方法：

1. 用肥皂水清洗伤口，然后用清水冲干净。如果用生理盐水或医用消毒药水清洗伤口效果更好。

2. 用医用纱布盖住伤口，再用绷带和胶布包扎伤口，也可用手紧紧按住盖在伤口处的纱布。如果伤口较小，可用创可贴直接贴在伤口处。同时，将受伤的手指抬过头顶，抑制血流。

3. 当血止住后，可在伤口处涂一些红药水，再用纱布或创可贴包扎，以使伤口尽快愈合。

4. 如果被生锈的刀、剪子、钉子等弄破了，伤口较深，记得去医院打一针破伤风抗毒素血清。

化学物品溅到眼睛里怎么办？

写完作业，冬冬想帮妈妈做点家务，于是找来了家中准备洗的衣服。一不小心，洗涤剂溅到了眼睛里，眼睛顿时感到刺痛。如果你遇到这种情况应该怎么办呢？

1. 千万别用手揉眼睛。

2. 立刻用清水不断地冲洗眼睛。在冲洗过程中不断地眨眼，这样才能把眼睛里的化学物品洗干净。

3. 如果眼睛仍刺痛不止，就要立刻去医院做检查。同时记住带上你所用的洗涤品包装以便医生对症治疗。

4. 使用清新剂、杀虫剂等喷雾化学用品时更要格外小心，不要喷到嘴里或眼睛里。

腿擦伤了怎么办？

夏季的一个星期天，婴婴的爸爸在收拾阳台，准备将不用的东西扔掉。婴婴在地中间转来转去，一不小心腿刮到了一块木板上，疼得他跳了起来。爸爸急忙把手洗干净，对擦伤的地方进行了处置。

1. 用肥皂水或生理盐水、消毒液、碘酒、酒精等清洗伤口，然后

用清水冲净。

2. 伤处出血了，将血先止住，然后涂上红药水或消炎药膏，再用绷带将伤口包扎好。

3. 如果伤的较重或在天气较热的时候，要注意经常换药，以免伤口感染。

4. 如果是严重的大面积擦伤，要立即去医院治疗。

怎样预防破伤风？

暑假里，10 岁的小明来到乡下姑妈家，不想厄运竟降临他头上。到姑妈家当天，小明的左脚不小心踩了块碎玻璃，虽然当时疼得厉害，但并没有流多少血。小明的姑妈也没太在意。谁也没想到，半个多月后的一天上午，小明开始不停地抽搐，身子不由自主地往后仰，并伴有高烧，姑妈吓坏了，赶紧把他送到县医院，经医生诊断，小明感染上了破伤风，虽然全力抢救，小明还是失去了生命。

一般来说，破伤风潜伏期为 6 ~ 10 天，也有少数人潜伏期会长达 1 个月左右，破伤风一旦发作，想治好比较困难，但预防效果却很好。

1. 打预防针。一岁以内的幼儿，都要注射白喉、百日咳、破伤风（又叫白百破）三联疫苗，由于白百破疫苗不是终身免疫，上小学后再接种一次。注射疫苗后，体内就有了足够抵抗破伤风毒素的抗体存在，能达到较佳的预防效果。

2. 注射 TAT。如果只是一般性的表皮擦伤，应该不会染上破伤风，没必要紧张。但如果出现较深的伤口，或伤口被泥土、铁锈等污染物污染，一定要到医院在医生的指导下注射一定数量的 TAT（破伤风抗毒素血清）。注射前要做皮试，只有在皮试合格的情况下才能用药。

3. 清洗伤口。人受外伤后，伤口被破伤风杆菌污染的可能性较高，但真正得病的人并不多。这是因为破伤风杆菌本身并不致病，只有当细菌大量繁殖，它产生的毒素进入血液后才会引起破伤风。而细菌大量繁殖的条件是缺氧，这种缺氧环境一般只有在伤口外口较小、伤口内有坏死组织或血块充塞、局部缺血等情况下才会发生。因此，受伤后正确处理伤口、破坏受伤部位的缺氧环境是预防破伤风的关键。

很多人只知道冬天受伤了要注射破伤风抗毒素血清。事实上，只要人体皮肤出现外伤，符合破伤风发病所需的一切因素和条件，什么季节都有可能发生破伤风，都需要注射破伤风抗毒素血清。

流鼻血了怎么办？

春天的一个早晨，璐璐起床后鼻子出血了，妈妈告诉她不要怕，以后遇到这种情况不要紧张，要学会自己处置。

1. 用手将出血一侧的鼻翼部向鼻中隔紧压，也可以向出血的鼻孔中塞入一些干净的棉球、纱布或纸巾，起到压迫止血的作用。

2. 出血时头部姿势要注意，如过于低头，会使面部静脉压力增大，容易加重鼻出血；如头过于后仰，鼻出血后会倒流入口腔。正确的姿势应该是：坐在椅子上或靠着床，头部稍向前倾，有利于止血。

3. 可以在额头或鼻梁上放一条用冷水浸湿的毛巾或冰袋，这样有助于止血。

4. 将与出血鼻孔相反一侧的手举过头顶。左鼻孔出血举右手，右鼻孔出血举左手。冬末春初气候干燥，记得要多吃水果、多喝水，而且不要随便抠鼻子，这样鼻子就不容易出血了。

烫伤了怎么办？

小青是个无线电“发烧友”，喜欢自己装收音机一类的小电器。一天，他正聚精会神地查看印刷电路板上的原件，一不留神儿，胳膊实实在在地触到了电烙铁上，只听“哧”的一声，冒出了一缕白烟，疼得他大喊大叫。

1. 发生烧（烫）伤后，要立即用干净的冷水或生理盐水冲洗伤处约 20 分钟。这样既可冲下创面上的污物，并可减轻疼痛，缩小红肿范围。

2. 对只有轻微红肿的轻度烫伤，可以用冷水反复冲洗，再涂些清

凉油、醋、酱油、酱、牙膏等就行了。

3. 烫伤部位已经起小水泡的，不要弄破它，可以在水泡周围涂擦酒精，用干净的纱布包扎。

4. 为保持创面清洁，可用醋或肥皂水轻轻擦洗伤处，以止痛并防止起水泡。

5. 如果伤处已起水泡，可用医用纱布将伤处盖好，使水泡内的水慢慢被吸收。千万不要将水泡挑破，以免引起感染。

6. 如果家中有一些对烧（烫）伤有特效的药（如红花油等），要按说明书正确使用。

7. 如果是严重的大面积烧（烫）伤，要立即到医院救治。

8. 如果是被开水烫伤，衣物也被沸水浸湿，应一边浇冷水，一边剪去衣物，或在水里剪去衣物。千万不要去撕拉，那样会把烧伤的皮肤一块儿撕脱下来。

被猫狗咬伤了怎么办?

棒棒特别喜欢家里那条叫“点点”的斑点狗，虽说是好朋友，也有“反目成仇”的时候。一天，棒棒和“点点”正你追我赶地玩得不亦乐乎时，棒棒别出心裁钻到了大衣柜里，急得“点点”上窜下跳。等棒棒出来时，一下子咬了棒棒腿一口。妈妈被尖叫声唤了过来，给棒棒做了处理。

1. 以最快的速度把沾染在伤口上的狂犬病毒冲洗掉，因为时间一长病毒就会进入人体组织，沿着神经侵犯中枢神经，会置人于死地。

2. 由于狗、猫咬的伤口往往外口小、里面深，这就要求冲洗时尽量把伤口扩大，让其充分暴露，并用力挤压伤口周围软组织，将伤口中的血挤出，用肥皂水或消毒水清洗伤口，然后用清水较长时间地冲洗伤口。冲洗的水量要大，水流要急，最好是对着自来水龙头急水冲洗。

3. 伤口反复冲洗后，再到医院作进一步处理，在 24 小时内到卫生防疫站注射狂犬疫苗。

记住，伤口不可包扎。除了个别伤口大，又伤及血管需要止血外，

一般不上任何药物，也不要包扎。因为狂犬病毒是厌氧的，在缺乏氧气的情况下，狂犬病毒会大量生长。

脚扭伤了怎么办？

一天，同班的同学莎莎到梅梅家玩，梅梅家刚刚迁入一处越层式的新居，旋转式的楼梯使莎莎觉得很新奇，便跑上跑下玩了起来。只听“唉哟”一声，莎莎一屁股坐在了楼梯踏板上。莎莎的脚扭伤了。梅梅曾经有过同样的经历，便按照妈妈的做法，给莎莎处理起来。

1. 将受伤的脚抬高放在椅子或沙发上，也可以躺在床上，将受伤的脚下垫个枕头或被子。

2. 用冷湿毛巾或冰袋（千万不要用热水）放在受伤的脚部，可以

减少疼痛并消肿。

3. 如果有红花油，可以在受伤部位涂抹并反复揉搓。

4. 如果特别疼痛，那就可能是伤到骨头了，千万不要乱动，要到医院治疗。

洗澡时虚脱了怎么办？

冬季的一天，爸爸妈妈都没在家，乐乐自己打开热水器洗澡，洗着洗着，只觉得浑身上下冒虚汗，头晕沉沉的，他赶紧穿上衣服。晚上妈妈回来告诉他：

1. 洗澡时一定要打开排风扇，以免水蒸气过于饱和，人容易缺氧。

2. 一定要在家里有人时洗澡。

3. 如果家里有浴缸，泡在浴缸里一定要小心，避免滑倒、呛水或碰伤。

4. 如果是用电热水器洗澡，要事先断开电源；如果是用燃气热水器，更要注意浴室的通风。

5. 洗澡时千万不要把浴室的门反锁。

洗澡时晕厥了怎么办？

由于体弱、病后、贫血、缺氧、心脏衰弱、沐浴时间过长，以及因煤气或液化石油气泄露、浴室温度过高或过低等因素，常可导致洗澡时发生晕厥。如果出现这种现象时，你应该：

1. 立即离开浴室，平卧在床上。脸色青白的，头低脚高平卧；脸色潮红的，头高脚低平卧。

2. 如果感到恶心并呕吐时，要趴在床上，以避免呕吐物进入气管而发生窒息。

3. 最好喝一杯糖水、茶水或白开水。

4. 症状严重时就要到医院去就医了。

被仙人掌等植物刺伤了怎么办?

小雪家的月季开花了，她想闻闻花香，就用手去扶花枝，低头去闻，不想手碰到了花茎的尖刺上，手指立刻出血了。仙人掌、仙人头、月季花、刺梅等多种带刺植物均可以刺伤皮肤。被刺伤时，可以这样做:

1. 如果容易取出，用镊子轻轻取出。或用带孔的金属片按住四周，轻轻拔去。

2. 如果刺很细而且扎入的部分很浅时，用医用胶带反复粘揭即可除去。

3. 不要硬来，更不要用手揉搓。

4. 有的植物刺上带毒，为保险起见，涂上消毒液后，可去医院接受治疗。

平时把带刺的观赏植物摆在不容易碰到的位置，这样，既可以观赏，又可以避免受到伤害。

使用电脑影响视力怎么办?

小刚近来常常觉得眼睛干涩疼痛，而且视力下降。看过医生以后才知道，原来是电脑惹的祸。为了保护你的视力，建议你:

1. 每使用电脑两小时，就要休息 15 分钟，以减少眼睛疲劳。

2. 给电脑显示器安装过滤镜，以防止反射光。

3. 电脑显示器背后至少应有一米的空间，环境色彩应柔和，让你的视线可以离开屏幕休息。

4. 显示器屏幕位置应在视线以下 10 到 20 度之间，距离在 0.6 到 0.7 米之间。

5. 黑底白字是令电脑使用者眼睛最舒适且工作效率最高的。至于亮度的设定则需要讲求柔和且不刺眼。

6. 适当滴一些“润舒”、“润洁”之类的保健眼药水。

戴耳机影响听力怎么办?

期末复习课很重要，晓霞却犯了头疼病，医院检查是神经衰弱，只好在家休息了。为什么晓霞刚刚上初一，就得了这种病呢？一定是她太用功了吧？不，其实并非用功就得神经衰弱。原来，晓霞迷上了摇滚乐，在家里为了不影响别人，常戴耳机听音乐。听力下降才是她神经衰弱的“元凶”。

微型录放机输出的音量一般在 85 分贝左右，这样的音量对耳神经有很大的刺激作用，听久了会造成听力减退。戴耳机后，外耳道被紧紧扣住，高音量直接集中到很薄的耳膜上，听觉神经的紧张，会造成神经系统的紧张，听久了会引起大脑皮层的疲劳和过度兴奋。

当你想戴耳机听音乐时，最好注意下面的问题：

1. 每听半个小时后，取下耳机休息一会儿。

2. 尽量把声音开关调小，以免过分刺激耳朵，影响听力。

3. 骑车、乘车、走路时最好不戴耳机听音乐，以免给自己造成伤害，或者造成交通事故。

迷恋电视怎么办?

终于放假了，小华感到非常轻松，他早就想好好看一通电视了。这天晚上，电视台播放一部带有恐怖色彩的电影。妈妈不想让小华看，但小华不听，一定要看。妈妈只好依了他。晚上睡着了以后，小华突然大

喊大叫，又哭又闹。妈妈连忙叫醒了他。醒了之后，小华诉说他梦见了许多可怕的东西。原来，临睡前看的电视让他受了很大刺激。

电视节目虽然很精彩，但也有几点要注意：

1. 合理安排时间。先做作业，后看电视；平时少看，周末适量。

2. 一次看电视时间不可太长。

3. 要确定正确的视距。

4. 睡前不看刺激片。

5. 看完电视洗洗脸。因为电视周围有大量的灰尘被荧光屏所吸引，因此洗脸有利于健康。

青春期如何保护声带？

有些青少年朋友，喜欢大声喊叫，女孩子更容易兴奋地尖叫。这种习惯不好，不仅造成噪音污染，还会引起一些喉部疾病，影响发声甚至呼吸。

1. 平时养成不高声喊叫的好习惯。

2. 声音嘶哑后小声说话、少说话或禁声，使声带休息。

3. 如果声带小结，休息后会慢慢消失，形成以后只好手术摘除。

4. 辛辣、油炸及过热、过冷食物对嗓子有刺激，应少食。

地震了怎么办？

假期的一天，虎子在家看动画片，忽然觉得屋子在晃动，一会又平静下来了。晚上他向爸爸讲了白天发生的这一幕。爸爸说那是发生地震了。并给他讲了一些地震避险的知识：

1. 在感知地震来临的瞬间，要即刻关闭正在使用的取暖炉、煤气炉等。千万不要在大晃动时去关火，那是很危险的。

2. 为了人身安全，选择在重心较低且结实牢固的桌子下面躲避，并紧紧抓牢桌子腿。

3. 不要慌张地向户外跑，以防碎玻璃、屋顶上的砖瓦等砸在身上。

此外，砖墙、广告牌等也有倒塌的危险，不要靠近这些物体。

4. 钢筋水泥结构的房屋等，由于地震的晃动会造成门窗错位而打不开门。地震发生时先将门打开，确保出口畅通。

5. 逃到户外后要保护好头部，避开危险之处。身边的门柱、墙壁这些看上去挺结实牢固的东西，实际上却是危险的。要注意用手或其它物品保护好头部。

6. 发生地震时万一在电梯里，要将操作盘上各楼层的按钮全部按下，一旦停下，就要迅速离开电梯。

学校自护篇

学校是学生学习和生活的重要场所。学生的大部分时间都是在学校度过的。由团中央、教育部、公安部、全国少工委主办的“中国少年儿童平安行动”活动组委会在北京、上海、广东、陕西等10个省市进行的关于中小学生安全问题的调查显示，家长担心孩子受到伤害的地方依次为：学校占51.44%，公共场所占36.32%，自然环境占10.44%，家里占1.8%。这一调查表明，学校成为家长们最担心孩子受到伤害的地方。

校园安全涉及到青少年生活和学习方面的安全隐患有多种：食物中毒、体育运动损伤、网络交友安全、交通事故、火灾火险、溺水、性侵犯等，这些都时时威胁着未成年人的健康成长。

某省的一个城市，由于饮用有问题的豆奶致使近3000名学生集体中毒：

某市组织学生参加体育加试，由于汽车严重超载，导致车祸，掉下深山的孩子多数没有生还：

在某省一所学校的晨会上，上千名学生在楼梯争相拥挤，不幸造成28名伤亡。

遇到拥挤踩踏事故怎么办?

2003年9月23日晚6时50分，某市第二中学教学楼在晚自习结束后，1500多名学生从东西两个楼道口，在没有任何照明的条件下蜂拥下楼。在西楼道接近一楼的最后四五个台阶处，楼梯护栏突然坍塌，前面的学生纷纷扑倒在地，后面的学生看不清，仍然纷纷往前拥挤，酿成21名学生死亡、47名学生受伤的惨剧。同年10月29日、30日在某省、某市又连续发生三起中小学生在楼梯处因拥挤造成伤亡的严重事故。未成年人在人口相对密集的环境中应当学会一些紧急避险知识，提高自我保护的能力。

遭遇拥挤的人群时：

1. 发觉拥挤的人群向着自己行走的方向拥来时，应该马上避到一旁，但是不要奔跑，以免摔倒。切记不要逆着人流前进，那样非常容易被推倒在地。

2. 如果身不由己陷入人群之中，一定要先稳住双脚。切记远离玻璃窗，以免因玻璃破碎而被扎伤。

3. 遭遇拥挤的人流时，一定不要采用体位前倾或者低重心的姿势，即便鞋子被踩掉，也不要贸然弯腰提鞋或系鞋带。

4. 如有可能，抓住一样坚固牢靠的东西，例如楼梯扶手之类，待人群过去后，迅速而镇静地离开现场。

出现混乱局面时：

1. 在拥挤的人群中，要时刻保持警惕，当发现有人情绪不对，或人群开始骚动时，就要有保护自己和他人的准备了。

2. 此时脚下要敏感些，千万不能被绊倒，避免自己成为拥挤踩踏事件的诱发因素。

3. 当发现自己前面有人突然摔倒了，要马上停下脚步，同时大声呼救，告知后面的人不要向前靠近。

4. 如果被推倒，要设法靠近墙壁。面向墙壁，身体蜷成球状，双手在颈后紧扣，以保护身体最脆弱的部位。

拥挤踩踏事故已经发生时：

1. 拥挤踩踏事故发生后，一方面要赶快报警，等待救援；另一方面在医务人员到达现场前，要抓紧时间用科学的方法开展自救和互救。

2. 在救治中，要遵循先救重伤者、低龄者的原则。判断伤势的依据有：神志不清、呼之不应者伤势较重；脉搏急促而乏力者伤势较重；血压下降、瞳孔放大者伤势较重；有明显外伤、血流不止者伤势较重。

3. 当发现伤者呼吸、心跳停止时，要赶快做人工呼吸，辅之以胸外按压。

要记住：心理镇静是个人逃生的前提，服从大局是集体逃生的关键。

学生宿舍如何安全防范？

学生宿舍，特别是女生宿舍，常常成为不法分子侵害的场所。学生宿舍的安全防范应注意：

1. 增强自我保护意识，提高警惕性，不给坏人以可乘之机。

2. 晚上临睡前要关好门窗，并检查插销是否插好。

3. 夜晚有人来访，不轻易开门接待；陌生人来访，一定不要开门，坚决拒之门外。

4. 夜晚到室外上厕所，要穿好衣服，结伴同行，最好携带电筒以及防卫用具等。

5. 假期不回家的学生，应集中就寝，避免独居一室。

6. 宿舍中可以准备一些木棍等防卫用具，一旦遭受袭击，要团结一致，坚决自卫，与坏人搏斗。同时大声呼救或者设法报警，以求得援救。

学生宿舍发现可疑人时怎么办？

一天，王枫下晚自习回宿舍时，看到一个陌生的男子在楼道里走来走去，四处张望，觉得可疑，就上前询问。谁知一张口，那人便飞也似地跑出楼门了。

1. 发现可疑人应主动上前询问，态度应和气，但须问得仔细些。

2. 来人回答疑点较多，神情紧张，则要进一步盘问，并要求查看其身份证件。

3. 来人经盘问疑点很多，不肯说出真实身份，或其携带有可能是赃物、作案工具等物品，应采取措施拖延时间，并打电话通知学校保卫部门来人审查。

4. 态度始终要和气，如可疑人员是作案分子，要防止其突然行凶或逃跑。

在学生宿舍如何保管好自己的现金和贵重物品？

1. 现金最好的保管方法是存入银行，并设置密码。存折与身份证要分开存放，这样即使存折被盗，也不用担心被人冒领。

2. 贵重物品不用时最好锁在抽屉、柜子里，以防被顺手牵羊或乘虚而入者盗走。放长假前，最好将贵重物品带走或交给可靠的人保管，不要留在宿舍里。

3. 住一楼的同学，睡觉应注意将衣物放在远离窗户的地方，防止被人“钩走”。

4. 宿舍钥匙不要随便借给他人或乱扔乱放。

在校园内如何避免遭到抢劫？

1. 不外露或向人炫耀随身携带的贵重物品，平时带过多的现金。

2. 尽量结伴而行。

3. 不要独自到行人稀少、阴暗、偏僻的地方，避开无人之地。

4. 单身时不要显露出过于胆怯的神情。

实验课上出现意外怎么办？

星期三下午有一节生物课，同学们要通过实验了解绿色植物是怎样制造淀粉的。同学们眼瞧着绿叶在无色的酒精中，经过隔水加热，由绿色变成黄白色，而酒精却由无色变成晶莹剔透的绿宝石色，感到太美了！太神奇了！一位男同学兴奋得忘记了教师的嘱咐，伸手去拿装有碧绿酒精的小烧杯想看个仔细。没想到烧杯很烫。这位男同学本能地迅速把手缩回来，结果却把酒精洒在实验桌上，溅在了酒精灯的火焰上。酒精燃烧了，桌面上的书本被引燃了。同学们被这突如其来的火焰吓呆了。吴小丽看到实验桌着火了，立即跑上前去扑救。一位同学也迅速端来一盆水泼在桌上。书本上的火灭了，但桌上燃烧的酒精却不灭而且飞溅起来，又引燃了吴小丽脖子上的纱巾。纱巾很快熔化了，粘在了她的颈项上。老师在一片惊叫声中冲过去，迅速抄起水盆中的那块大抹布，捂在了吴小丽的脖子上。火被扑灭了，但火在吴小丽俊俏的脸庞上却留下了永久的、令人心痛的疤痕。

在学校上实验课，你一定要注意以下几点：

1. 严格按照操作规程去做。

2. 酒精着火，不宜用水去浇，最好用湿的衣物捂盖，或用细沙掩埋。

3. 衣服着火，迅速脱下，也可以就地卧倒，缓缓滚动，用身体把

火压灭。

4. 上实验课要注意穿戴简单。

参加集体劳动等社会实践活动如何保证安全?

中小学生在学校学习阶段，常有机会参加学校组织的各种社会实践活动，例如到工厂、农村参加义务劳动，开展社会调查，参加各类公益活动等等。如何保证参加社会实践活动过程中的安全呢?

1. 参加社会实践活动，要认真听取有关活动的注意事项，什么是必须做的，什么是可以做的，什么是不允许做的，不懂的地方要询问、了解清楚。

2. 参加劳动，同学们必然要接触、使用一些劳动工具、机械电器设备，在这个过程中，要仔细了解它们的特点、性能、操作要领，严格按照有关人员的示范，并在他们的指导下进行。

3. 对活动现场一些电闸、开关、按钮等，不随意触摸、拨弄，以免发生危险。

4. 注意在指定的区域内活动，不随意四处走动、游览，防止意外发生。

如何避免体育课上出现意外?

某市著名的体育传统项目学校南楼中学，曾经出过这么一档子事：在一节体育课中，学生被分成两拨，一边是铅球测验课，一边进行排球训练。练习中，排球突然飞向铅球区，一位学生赶过去捡球，不料被掷出的铅球砸中脑部。所幸抢救及时，该学生脱离了危险。你有过类似的经历吗？除了后怕以外，你知道如何避免意外的发生吗?

1. 上体育课之前，老师都会对运动器械的使用进行安全教育，你千万要认真听，不能存有侥幸心理；课堂上一定要按老师的要求进行运动器械的操作，不能连打带闹地上课。

2. 短跑等项目要按照规定的跑道进行，不能跑到其他跑道上去。

这不仅仅是竞赛的要求，也是安全的保障。特别是快到终点冲刺时，更要遵守规则，因为这时人身体的冲力很大，精力又集中在竞技之中，思想上毫无戒备，一旦相互绊倒，就可能严重受伤。

3. 跳远时，必须严格按老师的指导助跑、起跳。起跳前前脚要踏中起跳板，起跳后要落入沙坑之中。这不仅是跳远训练的技术要领，也是保护身体安全的必要措施。

4. 在进行投掷训练时，如投掷手榴弹、铅球、铁饼、标枪等，一定要按老师的口令进行，令行禁止，不能有丝毫的马虎。这些体育器材有的坚硬沉重，有的前端装有尖利的金属头，如果擅自行事，就有可能击中他人或者自己被击中，造成受伤，甚至发生生命危险。

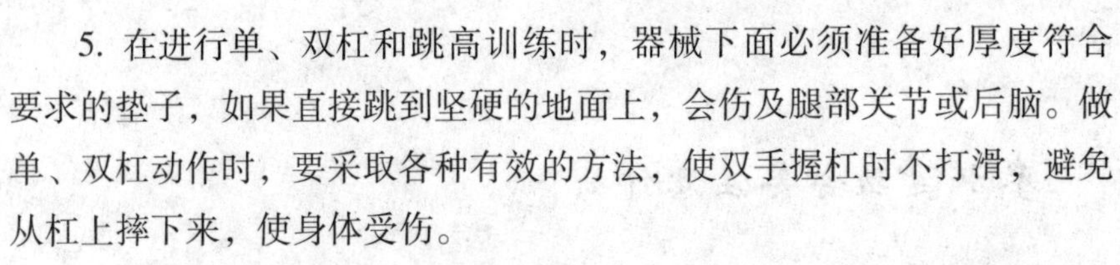

5. 在进行单、双杠和跳高训练时，器械下面必须准备好厚度符合要求的垫子，如果直接跳到坚硬的地面上，会伤及腿部关节或后脑。做单、双杠动作时，要采取各种有效的方法，使双手握杠时不打滑，避免从杠上摔下来，使身体受伤。

6. 在做跳马、跳箱等跨越训练时，器械前要有跳板，器械后要有保护垫，同时要有老师和同学在器械旁站立保护。

7. 前后滚翻、俯卧撑、仰卧起坐等垫上运动的项目，做动作时要严肃认真，不能打闹，以免发生扭伤。

8. 参加篮球、足球等项目的训练时，要学会保护自己，也不要在争抢中蛮干而伤及他人。在这些争抢激烈的运动中，自觉遵守竞赛规则对于安全是很重要的。

9. 游泳时量力而行，不要逞强，学会游泳再进深水区。跳水要有人指导，不能盲目胡来。

10. 除了在运动中不要伤到其他同学外，还要眼观六路，防止被其他同学投出的器械伤到自己。

上体育课时衣着上应注意些什么？

上体育课大多是全身性运动，活动量大，还要运用很多体育器械，所以为了安全，上课时衣着有一定的讲究。

1. 衣服上不要别胸针、校徽、证章等。

2. 不要佩戴各种金属的或玻璃的装饰物。

3. 头上不要戴各种发卡。

4. 患有近视的同学，如果不戴眼镜可以上体育课，就尽量不要戴眼镜。如果必须戴眼镜，做动作时一定要小心谨慎。做垫上运动时，必须摘下眼镜。

5. 不要穿塑料底的鞋或皮鞋，应当穿球鞋或一般胶底布鞋。

6. 衣服要宽松合体，最好不穿纽扣多、拉锁多或者有金属饰物的服装。

7. 上衣、裤子口袋里不要装钥匙、小刀等坚硬、尖锐锋利的物品。

参加运动会要注意什么?

运动会的竞赛项目多、持续时间长、运动强度大、参加人数多，安全问题十分重要。

1. 要遵守赛场纪律，服从调度指挥，这是确保安全的基本要求。

2. 没有比赛项目的同学不要在赛场中穿行、玩耍，要在指定的地点观看比赛，以免被投掷的铅球、标枪等击伤，也避免与参加比赛的同学相撞。

3. 参加比赛前做好准备活动，以使身体适应比赛。

4. 在临赛的等待时间里，要注意身体保暖，春秋季节应当在轻便的运动服外再穿上防寒外衣。

5. 临赛前不可吃得过饱或者过多饮水。临赛前半小时内，可以吃些巧克力，以增加热量。

6. 比赛结束后，不要立即停下来休息，要坚持做好放松活动，例如慢跑等，使心脏逐渐恢复平静。

7. 剧烈运动以后，不要马上大量饮水、吃冷饮，也不要立即洗冷水澡。

在校内骑自行车应注意哪些事项?

李明的“车技”很高，一天，他像往常一样两手撒把在校园的路上骑车。在拐弯处，突然出现了一个边走路边看书的同学，躲闪不及，两人都摔倒了。

在校园里骑车要格外注意：

1. 骑自行车在进出校门、经过路口、横过马路、下坡、人流量大的地段或遇有执行特种任务的车队经过时，要下车推着走。

2. 不要在校内的甬道、长廊和人行步道上骑自行车。

3. 不要骑着自行车与步行的同学开带有危险性的玩笑。

面对有害健康的文具怎么办?

目前市场上的文具、玩具用品中，相当一部分含有毒性成分，可能导致孩子出现厌食、注意力涣散、消化不良等中毒症状，其中最常见的是有机溶剂中毒和铅中毒两大类。

1. 目前绝大部分学生使用涂改液替代橡皮，而涂改液中含有二氯甲烷、三氯乙烷、对二甲苯等挥发性有机溶剂，人体吸入了这些物质后，会出现头晕目眩、倦怠乏力、食欲不振、恶心呕吐等症状。

2. 孩子们在接触文具、玩具时，普遍存在啃咬的行为。而木制、铁制文具或玩具的漆层中，含有较高含量的可溶性铅，很容易通过孩子的这些行为进入体内，对机体产生慢性铅损害，并出现贫血、腹泻等疾病。一些文具、玩具为了“讨好”孩子，往往添加了鲜艳的色素和好闻的香精，这些产品特别容易引诱孩子的啃咬行为。此外，一些厂家生产的颜料、胶水、塑料文具玩具等，使用了有毒的有机溶剂作为生产原料，很容易使孩子们的健康受到损害。

有人拉你参与打架怎么办?

崔晓光是个不愿招惹是非的学生。一天下午自习的时候，同桌的刘铭请他帮忙去和别的班的同学打架。崔晓光说啥也不肯去，刘铭挖苦他没有男子汉气节，不讲哥们义气，并扬言从此与他划清“楚河汉界”。你说崔晓光应该答应刘铭的请求吗?

1. 这种请求坚决不能答应。不管这件事和你是否有关，不管矛盾双方和你本人的关系如何，你都不能参与。

2. 你应该设法劝阻他的这种行为，告诉他打架的后果。如果劝阻无效，应该及时向老师反映情况。表面上看，这对同学是一种“不关心”，甚至是“出卖”，其实是对他真正的爱护。

3. 平时少和那些招惹是非的同学在一起，让他们觉得你不是他们的“同路人”，他们也就不拉你“入伙”了。

被人殴打以后怎么办?

赵祥云只因一点点小事就与同班同学李英凡发生了口角。没有想到，放学以后刚出校门就被三四个来路不明的人一顿暴打。你如果遇到这样的事该怎么办呢?

1. 设法与老师或家长取得联系，以便尽快得到救助。
2. 如果受伤了要及时治疗。
3. 妥善保管医院单据和诊断书，以备后用。
4. 及时报案，报清出事的时间、地点、打人凶手的特征。
5. 平时培养自己宽容之心，不在无原则的小事上斤斤计较。

遭到体罚怎么办?

某小学教师刘丽娜在给该小学五年级一班上课时，体罚学生，并强迫她所教班级的 42 名学生伸出手来，然后在每个学生的掌心用削铅笔刀划伤出血。刘已被警方刑事拘留，该校校长已被撤职。

1. 如果是一个人遭到老师的体罚，你应该勇敢地向全班同学呼吁，

制止老师的错误行为。

2. 如果是全班同学共同遭到体罚，就应该由同学代表出面，向校方反映情况。

3. 如果你没有勇气去和老师或校方理论，那就向爸爸妈妈如实汇报在学校发生的事情，由家长出面解决。很多孩子怕家长责备自己在学校犯错而不敢把受到的侵害向家长反映，这是不对的，等到出现了无法掩盖的严重后果就晚了。

遭到经济侵害怎么办？

某育才学校的一位教师在区级三好生评选中，以“疏通关系”为由对高一学生候选人赵鹰的家长索要1000元钱和四条香烟来“搞定”三好学生评选。学校作出了开除索要钱财的教师的决定。

1. 学校的任何收费都应该出具正式发票，在缴费时不要忘记索要，这是以后维权的凭证。任何单位或个人发现教育乱收费的行为均可拨打当地的价格举报电话向当地价格主管部门投诉。

2. 对于某些教师对个别学生的勒索，必要时要向校方或司法机关举报，要相信法律，不要因为害怕影响自己以后的学习生活而纵容这种侵害行为。

牙齿断了怎么办？

足球比赛时，你一脚踩到了球上，脸一下子撞到地面，起来时才发现有一颗门牙掉了，这时候你该怎么办？

1. 别哭，哭不会止疼也不会让断牙重新长上去。

2. 找到掉在地上的牙齿用冷水洗干净，不要用任何清洁剂或毛巾擦拭。

3. 把牙齿装回原位，用手固定。如果无法固定，先用容器装冷水浸着牙齿。

4. 牙齿断了的地方若一直流血，就先到医务室塞上棉花咬住，再去看医生。若你觉得伤得很重或即使你觉得没什么，也要带着你的牙齿去看牙医，因为有可能牙医会为你补好的。

在进行体育运动前，“热身”很重要，先让你的身体各部位伸展开来，增加协调性，这样就可以少出乱子。

迷了眼睛怎么办？

如果你在教室外面活动时被随风吹来的沙粒迷了眼睛怎么办呢？

1. 千万不能用力揉眼睛，这样会使眼睛受伤。

2. 试着咳嗽几下，看可不可以将沙粒“震”出。

3. 请会翻眼皮的同学或大人帮你轻轻翻开眼皮，检查眼睑上是否有异物。

4. 发现沙粒后，用干净的湿手帕轻轻将它粘出。

以上办法都不奏效的话，就要请医生帮忙了。另外，在有风沙的天气里活动，要戴上风镜，或在脸上蒙上透明的纱巾，以防迷眼睛。

钢针刺入肉内怎么办？

初中生何健和王华是同班同学，俩人平时好开玩笑。一天，何健手拿一根缝棉被的大钢针对王华说：“李老师在生物课上讲，臀大肌和三角肌块大肉厚，是肌肉注射的理想部位。你不想亲自尝试一下吗？”还未等王华回答，一位同学风风火火跑过来，正好撞在何健拿针的肘臂上，钢针直刺王华的臀大肌，痛得王华嗷嗷叫，吓得何健不知所措。这时，只听那位莽撞同学说：“快拔针！”几个同学不由分说就将王华裤子扒下来了。大家一看都傻了眼，2 寸多长的大钢针插入肌肉里有一半。何健一把抓住余下的 1 寸长的针柄就往外拔，没想到针不仅没拔下来，而且每拔一次，针就往肉里进一次。何健不敢用手拔了。

李老师闻讯来到教室看王华，此时大针只外露不足 1 厘米了。老师先让同学们退出教室，采取了如下措施：

1. 镇静放松。肌肉越紧张，夹持钢针的力量越大，越不易拔出。

2. 用手轻轻抚摸针刺周围的皮肤，使肌肉得到更大程度上的放松。

3. 捏住外露的针柄慢慢捻动，直至拔出。

4. 在受伤部位用碘酒消毒。

5. 不要生拔硬拽，这样会刺激肌肉收缩，每收缩一次针就会往里前进一次。

面对校园“小霸王”怎么办？

终于盼到下课了。当你快步跑到厕所准备解手时，突然来了几个高年级同学，把你围在中间。他们威胁你，向你要零用钱。不给的话就要打你。这时候你该怎么办？

1. 你不要慌，尽量说一些好话，说明自己没有带钱，避免发生冲突。

2. 如果他们不吃这一套，就跟他们说去教室取钱，以便趁机跑掉，报告你的老师，描述他们的长相特征、衣服样式颜色、高矮胖瘦，这样才能找到他们，使他们受到批评教育。

3. 如果不行，拖延时间，看到同学或老师来厕所大喊“救命”。

4. 说什么也不能给他们钱。因为你如果这次给他们钱，下一次他们还会勒索你。

收到异性同学的纸条怎么办?

课间，王晓妮意外地收到了同班男同学给她的“纸条”，她打开一看，顿时脸上火辣辣的，脑子里一片空白。假如你遇到这种情况应该怎样处理?

“递条子”、“写情书”的动机和性质大致有以下几种可能：一是早熟、早恋的表现；二是为了好玩、凑热闹；三是恶作剧，故意捉弄别人。

收到异性同学写的超出同学正常友谊的纸条，同学们的解决办法通常是这样的：

虽然想不通但不说，憋在心里。此种方法对自己身心的伤害很大。它会给自己的心理上带来恐惧、焦虑，影响身心健康从而影响学习。

公之于众。这样做会让对方感到难堪，失去威信，心灵受到打击。

告诉老师。老师知道后可能会生硬地批评对方，也可能当众点名或旁敲侧击，其效果都不好。

看来以上三种方法都不妥当。

通常比较合适的方法是，悄悄答复对方。要明确地告诉他（她）：现在我们不该想这些事，更不该谈这些事。因为我们各方面还都不成熟，我们都应集中精力学习……如果对方仍然纠缠不休，那就必须依靠老师和学校解决问题了。

另外，最好的办法就是冷漠，不予理睬，让对方感到自讨没趣。

遇到另类玩具怎么办?

在学校门前,常有许多小贩向学生们兜售所谓的“另类玩具”。有血淋淋的“人体器官”,令人作呕的“仿真鼻涕”,还有用于撒在别人颈内恶作剧的“痒痒粉”等等。某市一名小学生为了在奶奶过生日时给老人一个惊喜,煞费苦心地选了一件礼物。奶奶一边夸孙子孝顺,一边高兴地打开盒子,里面竟然是一个骷髅。结果,悲剧发生了:奶奶被孙子的玩具给吓死了。

这些“另类玩具”多为不法厂家使用一些有毒的工业溶剂、工业颜料生产，对身体有较大的毒性损害。同学们若密切接触这种“另类玩具”不仅不利于心理的健康发展，而且也可能给他人造成无可挽回的伤害。

社会自护篇

社会是个“万花筒”，它在满足人们种种需要、提供种种便利的同时，也暗藏着种种对人的侵害。

下“流星雨”的那个夜晚，14 岁少女马雯只是看见歹徒手提了橡胶警棍，便轻信他是警察，歹徒的一句“你有学生证吗？跟我上趟派出所”，马雯就和歹徒走了。最后惨遭杀害。

12 岁女孩金易被拐：她只不过是听信了一名同学母亲的一句话“我们阜阳可好玩了，跟阿姨去阜阳玩吧”，这一“玩”就是 7 年。

……

一桩桩悲剧、一件件惨案就发生在我们的社会生活中。事实告诉我们，学会自护是未成年人权益保护的一个重要环节。只有广大未成年人增强了社会自护意识和能力，其他几种保护才更具实效。

怎样过马路才安全?

小雪每天上学和放学都要经过很多条马路，不久前就在其中的一条马路上，一名小学生被撞成了植物人。打那以后，她最犯愁的就是过马路了。12 岁以下的孩子，视网膜还不能很好地同时处理两个移动的物体，所以儿童过马路最好还是由大人牵着。交通规则是人们生命的保护神。过马路时在没有大人在身边的情况下，你要牢记交通规则的要求。

1. 要遵守交通规则，做到“绿灯行、红灯停”。

2. 过马路时一定要走人行横道线；在有过街天桥和过街地道的路段，一定要走过街天桥或地下通道。

3. 要走直线，不要迂回穿行。在没有人行横道的地方过马路，先要看看左边有没有车，如果没有就快速走到马路中间停一下，再看看右边，没有车辆才可以快速通过。

4. 不要突然横穿马路，特别是马路对面有熟人、朋友呼唤，或者自己要乘坐的公共汽车已经进站，千万不能贸然行事，以免发生意外。

5. 翻越马路护拦是最危险的举动，绝对不可以那么做。千万不要在车辆临近的时候跑过马路。

6. 我们经常见到一些学生在马路上相互追赶着玩，这样做很危险！因为马路上来来往往的汽车速度很快，就算立即停车，由于惯性也会继续向前冲出一段，很可能撞到马路上正在奔跑、玩耍的同学们。

什么情况下过马路容易受到伤害？

1. 抢时间的。这种情况常因某些急事（如上学、赶车等）抢时间，造成思想不集中，判断能力下降，甚至强行穿越马路，极易发生车祸。

2. 精力分散的。未成年人大多活泼好动，注意力不集中。如走路时边走边看心不在焉，用随身听，骑车时勾肩搭背、嬉戏打闹等，这样就不能听清或看清路上的情况，一旦出现紧急情况就会躲闪不及。

3. 盲目自信的。对那些经常行走的道路或在道路两旁长期生活的同学来说，路上车流的繁忙景象已经习以为常了，加上心存侥幸心理，以为“汽车不敢轧我”，甚至反过来有“汽车要让我”的心理，有时即使走在路中间也不慌不忙。在这种情况下，若遇上高速驶来的汽车往往会发生车祸。

4. 怀有侥幸心理。侥幸心理是最容易出事故的。机动车是机械的，机械的东西保不准会失灵；机动车是人驾驶的，保不准遇上个酒后驾车或无证驾车的“马路杀手”。所以还是要记住，无论你有多急，还是要“宁停三分，不抢一秒”！

停着的汽车就安全吗？

冰冰的妈妈是一家饭店的老板，一天中午客人很多，冰冰一个人跑到店门口，蹲到一部车的后面玩了起来，结果惨剧发生了：客人吃完饭向后倒车，把冰冰轧死了。汽车的尾部没长“眼睛”，它们看不到自己身后究竟藏着什么人。有的小朋友可能会问：司机叔叔可以借助后视镜来看车身后的情况。其实在汽车的后视镜中往往看不到孩子们小小的身影，一旦倒车，很可能会把车后的孩子撞倒。

1. 不要在停放的机动车后面走，要从车的前面走，好让司机注意到你的存在。

2. 不要在停着的汽车后面停留、玩耍。

3. 时刻留意身旁的汽车是不是开始启动了。

现在私家车越来越多了，小区内常常停着各种车辆，小朋友可要特别注意：不要以为停着的汽车很安全，一旦动起来就会成为杀手。

骑自行车要注意哪些安全事项？

骑自行车外出比起走路来，不安全的因素应该说增加了，更需要注意交通安全。

1. 要让父母经常帮助自己检修自行车，保持车况完好。车闸、车铃是否灵敏、正常，尤其重要。

2. 自行车的车型大小要合适，不要骑儿童玩具车上街，也不要人小骑大车。

3. 不要在马路上学骑自行车；未满 12 岁的儿童，不要骑自行车上街。

4. 骑自行车要在非机动车道上靠右边行驶，不要逆行；转弯时不抢行猛拐，要提前减速，看清四周情况，以明确的手势提醒后边的车和人再转弯。

5. 经过交叉路口时，要减速慢行，注意来往的行人、车辆，不要闯红灯。

6. 骑自行车时不要双手撒把，不要多人并骑，不要载过重的东西，不要骑车带人，不要在骑车时戴耳机听音乐，不要互相攀扶，不要相互追逐、飙车。

7. 有的同学图省力，喜欢攀扶机动车，这样做太危险了。

雨雪天气骑自行车怎样注意安全？

在雨雪天气里骑自行车，应该注意以下几点：

1. 骑车途中遇雨，不要为了减少雨中暴露的时间而埋头猛骑。

2. 雨天骑车，最好穿不挡视线的雨衣、雨披，不要一手持伞，一手扶把骑行。

3. 雪天骑车，自行车轮胎不要充气太足，这样可以增加与地面的摩擦力，防止滑倒。

4. 雪天骑车，要选择无冰冻、雪层浅的平坦路面，不要猛捏车闸，不要急拐弯，拐弯的角度也应尽量大些。

5. 雪天骑车，应与前面的车辆、行人保持较大的距离。

6. 雨雪天气，道路泥泞光滑，骑车更要精力集中，随时准备应付突发情况，骑行的速度要比正常天气时慢些才好。

骑自行车发生意外怎么办？

小毛和小瑜在操场练骑车，小瑜骑得可好了，“嘿，你看！”小瑜在叫小毛，他用单手骑自行车，脸上露出得意的笑容。唉呀，糟糕！他撞到树了，还好，没怎么样。

1. 如果骑自行车的时候发生意外，撞到头部或是有骨折的情形发生，不要勉强移动，请附近的大人帮忙，赶快打“120”请求援助，送往医院接受诊疗。有时候脑部伤害是事后才会发现的，最好将当时受伤的情形告诉父母或医生，方便做日后的追踪治疗。

2. 最好平日遵守骑自行车的规则，不让意外发生。如：不要骑太快，不要边骑边与同学聊天开玩笑，不要骑在大型车辆的旁边，要骑一辆与自己体型相符的车子等等。

遇到交通事故应该怎么办？

1. 打“112”电话报警。

2. 保护现场，等待公安人员对现场进行处理。

3. 协助抢救伤员。

4. 将伤者及时送往就近医院进行救治，在运送伤员时要注意方法，减少伤员痛苦，避免再次损害伤员。

5. 如果肇事车辆逃逸，立即将车型、车号通知有关部门进行拦截；保留对方在现场的遗留物品，为以后的事故处理工作留下依据。

6. 如果你是交通事故的受害者，首先要做的第一件事就是求助，以最快的速度到医院诊治。

乘坐公交车怎样更安全？

小莉上学了，从这一天起，她每天都要自己乘公交车上下学。妈妈再三地叮嘱她要注意以下事项：

1. 等车的时候一定要站在站台上面，等车到站停稳之后，按先后顺序上车，不要拥挤。不管是上车还是下车，都要等车停稳以后，先下后上，不要争抢。

2. 上车后如果有座位，坐下后要用双手扶住前面的座位扶手，以避免急刹车时撞到头部或从座位上跌下来；如果没有座位，要双脚自然分开，侧向站立，握紧扶手，以免车辆紧急刹车时摔倒受伤。

3. 乘车时不要把头、手、胳膊伸出车窗外，以免被对面来车或路边树木等刮伤；也不要向车窗外扔杂物，以免伤及他人。

4. 如果车内特别拥挤，一定要找能够露出头部的地方站稳，不要混杂在大人中间，否则很容易窒息。

5. 到站之前要提前往车门方向移动，以免下不去车。

6. 车到站后，一定要等车停稳并往右侧的方向看，等没有自行车或摩托车通过时再下车。下车后从车的后面过马路时要停下来，没有来往车辆时再过马路。

7. 千万不要在行驶的车内跑跳、打闹。

8. 当坐在车内发生意外时，应迅速抱住头部，并缩身成球形，以减轻头部、胸部受到的冲击。

9. 平时脖子上不要挂月票、钥匙链之类的东西，以免拥挤时勒到脖子。

出租车载你去你不认识的地方怎么办？

一天小军起床晚了，妈妈让他打车去学校。当他上了出租车后却发现出租车司机把车开往与学校方向不同的路。他觉得很奇怪。如果你遇到了这种情况该怎么办？

1. 向司机询问是不是走错路了，并再次说明你所要到的地点，这时千万不要慌张。

2. 如果发现情况不对，借口去厕所或办一些着急的事，请他靠路边停车。赶快下车到人多的地方去，找交通警察叔叔，说明情况并请他帮助你回家或回学校。

3. 如果司机还继续开车，自己悄悄地把车窗摇下，等到红灯停车时，向窗外的行人和车辆大喊“救命”。

4. 记住出租车的车牌号。

怎样预防铁路交通伤害？

列车运行速度快，铁路交通线上情况复杂，因此要掌握安全基本常识，防止铁路交通事故的发生。

1. 不在铁路线上和铁路道口玩耍、逗留。

2. 不钻车、扒车、跳车。

3. 需要通过铁路道口时，要听从管理人员的指挥。遇到道口栏杆关闭、红灯亮时，表示有列车即将通过，不可强行或者钻越栏杆通过道口。

4. 通过无信号灯也无人看守的铁路道口时，必须停下来仔细观察，在确认没有列车开来时再通过。如果发现有列车开来，要退到距道口5米以外等候，等列车通过后再通过道口。

5. 不要攀登电气化铁路上的接触网支柱、铁塔等设备，以防触电。

6. 如果你的家住在铁路沿线，每天必须沿铁路线走的时候，一定要注意铁路桥上的安全。上桥以前，一定要看前后的信号灯，红灯亮起时表明不久将有火车通过。这时一定要站在安全的地方等火车通过后再上桥。一旦上了桥，发现有火车要通过时，要迅速朝桥上的“安全岛”跑。

乘火车时怎样保证安全？

乘坐火车旅行时应该注意下列几点：

1. 按照车次规定的时间进站候车，以免误车。

2. 在站台上候车，要站在白色安全线以内，以免被列车卷下站台，发生危险。

3. 列车行进中，不要把头、手、胳膊伸出车窗外，以免被沿线的信号设备等刮伤。

4. 不要在车门和车厢连接处逗留，那里容易发生夹伤、扭伤、卡伤等事故。

5. 不要带易燃易爆的危险品（如鞭炮等）上车。

6. 不向车窗外扔废弃物，以免砸伤铁路边行人和铁路工人，同时也避免造成环境污染。

7. 乘坐卧铺列车的上、中铺，要挂好安全带，防止掉下摔伤。

8. 保管好自己的行李物品，注意防范盗窃分子。

9. 睡在上、中铺的你，夜里想去上厕所，醒来后先清醒一会儿，不要懵头转向，以为是在家里，一步就迈下来。

乘飞机遇到事故时怎么办?

放暑假了，星星一个人乘飞机去远方的姑姑家。可飞机起飞后不久又降落了。后来才知道，是飞机出了一点故障。全机舱的人都虚惊一场。

乘飞机旅行，出现事故率在各类交通工具中为最低，但发生的后果却较为严重。民航机事故除由于剧烈的爆炸外通常有预兆，距事故发生有一定的准备时间。假如出现了异常情况，你要按飞机广播和乘务人员的指挥步骤办，不要乱动。

1. 牢记安全门的方向及开启方法，并考虑在没有照明的情况下，如何能摸到，以保证在飞机失事后，以最快的时间准确找到安全门。

2. 将个人的眼镜、身上带尖的物品（包括笔）取下丢到垃圾袋内，以防在飞机失控后相互挤压、碰伤。

3. 飞机有失事警报发出后，准备一块毛巾或布，浸湿后以便在机舱出现有毒烟雾时掩口鼻，起到一定的过滤作用。

4. 如飞机已降落地面或很接近地面，可用自动充气扶梯逃生。

在地铁里遇险怎么办？

在地铁里虽然遇到突然爆炸、毒气袭击和有人意外坠落等突发事件的概率很小，但大部分人普遍缺乏处理此类紧急事故的经验。万一意外发生，要懂得如何最大程度地保护自己。

1. 报警装置为发生紧急情况而设，通常安装在车厢两端的窗户上方，报警之前最好初步判断一下，如果不是特别紧急的情况，还是等列车行驶到站台再解决更为合适。比如在车厢内遇到紧急病情，可以先拨打“120”急救电话，最好不要扳动报警装置，列车在站台停车后更容易处置。

2. 乘车时尤其是高峰期和节假日乘车时，一定要站在黄色安全线以内，发生人群拥堵时一定注意观察，以免发生坠落或者被人挤下站台等意外。

3. 为地铁提供动力的接触轨道携带高压电，平行地安装在两条铁轨旁边或者站台侧面（大部分靠近站台一侧），一般上面覆盖木板，但稍不留心也会触电。

4. 在地铁发生火灾时，你要尽量低姿势前进，不要做深呼吸，并尽可能用湿毛巾或衣服捂住口鼻，以防烟雾吸入呼吸道。

遇到地铁停电怎么办？

地铁作为一种人员集中的特殊空间，最难以处理的情况就是乘客疏散。如果地铁发生停电，尤其是遇到和美加（美国、加拿大）大停电、伦敦大停电一样大规模的停电时，普通乘客应该如何做出正确反应，采取有效措施撤到安全地带呢？

1. 停电发生在站台时。当站台突然陷入漆黑一片，很可能只是该站的照明设备出现了故障，在等待工作人员进行广播解释和疏散前，要原地等候，不要走动，不要惊慌。站台将随即启动事故照明灯。即使照明不能立即恢复，正常驶入车站的列车将暂停运行，利用车内灯光为站台提供照明。

2. 列车在隧道中运行时遇到停电。此时千万不可扒门拉门自作主张离开列车车厢进入隧道，要耐心等待救援人员到来。救援人员将悬挂临时梯子并打开无接触轨一侧的车门，乘客应该按照救援人员的指挥顺次下到隧道中并按照指定的车站或者方向疏散。在疏散撤离时注意排成单行，紧跟工作人员沿着指定路线撤离。

3. 当城区供电系统出现电源故障导致大规模停电时，地铁内的危机照明系统将保证45分钟到1小时的蓄电池照明，乘客应该迅速就近沿着疏散向导标志或者在工作人员的指挥下抓紧时间离开车站。

4. 不必担心人多时被关在密闭的地铁车厢里会出现呼吸困难。即使全部停电后，列车上还有可维持45分钟到1小时的应急通风。

外出活动如何注意防火？

外出活动时，所处的环境比较复杂，在防火方面要做到：

1. 要自觉遵守公共场所的防火安全规定。

2. 一般不要野炊，确实需要野炊活动时，要选择安全的地点和时间，并在老师的指导下用火，用火完毕，应确保熄灭火种。

3. 不携带火柴、打火机等火种和易燃易爆品进入林区、草原、自然保护区、风景名胜区。

4. 自觉保护公共场所的消防设施、设备。

5. 发现异常情况，要及时向老师或有关管理人员报告。

身上着火了怎么办?

如果身上衣服着火了，千万不要跑动，这样会助长火势。

1. 迅速将衣服脱下，将火扑灭。

2. 如果来不及脱下衣服，可以就地打滚儿，但不要滚得过快，不然会助长火势。

3. 如果附近有水池、河塘等水源，可迅速跳入水中，或及时就近取水将身上的火浇灭。

4. 如果身体已经被烧伤了，千万不要跳入污水中，以防感染。

身处失火的地下建筑物中如何逃生?

假如你在地下商场、地铁车站、地下餐厅等建筑物中遇到火灾应该怎么办?

1. 进入地下建筑时,应对内部设施和结构布局进行观察,了解通道和出口的位置,以防万一。

2. 逃生时,尽量低姿势前进,不要做深呼吸,并尽可能用湿毛巾或衣服捂住口鼻,以防烟雾吸入呼吸道。

3. 万一疏散通道被阻断,应利用现有器材积极扑救,并尽量想办法延长生存时间,等待前来解救。

4. 地下建筑物发生火灾,逃生的途径惟有楼道。因此,弱小的你,首先不要慌张,你要借助大人的身高和力量的优势向他们求援。要相信,在成年人心中,救助弱小是一种本能。他们会帮助你。

身处失火的影剧院中如何逃生?

1994年12月8日,某市15所中、小学校的15个规范班及教师、家长等796人,在友谊馆进行文艺汇报演出,因舞台上方的照明灯燃着幕布蔓延成灾,人们正在向场外疏散时,场内突然断电,烧死323人,烧伤130人,其中重伤68人。假如这些人们稍有自救常识,也许还有生还的希望。

1. 当舞台失火时,要尽量靠近放映厅的一端,掌握时机逃生。

2. 当观众厅失火时,可利用舞台、放映厅和观众厅的各个出口逃生。

3. 当放映厅失火时,可利用舞台和观众厅的各个出口逃生。

4. 楼上的观众可以从疏散门经楼梯向外疏散。

5. 可以就地取材,利用窗帘等物品,自制救生器材,开辟疏散通道。

切记:进入影剧院时,一定要记住出口,尤其是要有方位感。因为一但失火就可能停电；而一旦停电，你就有可能迷失方向。所以你要牢记前后左右的出口方位。

身处失火的商场中如何逃生？

人们不会忘记，2004年2月15日，某市中百商厦发生的那场牵动人心的造成54人死亡的特大火灾。然而，在这场灾难中，一些平时掌握一定自救知识的人还是得以死里逃生了。

1. 保持冷静，辨明安全出口方向，相机选择多种途径逃生。如果商场设在楼层底层，可直接从窗口跳出；若设在二、三楼时，可抓住窗台往下滑，让双脚先落地；如果商场设在高层楼房或地下建筑中，则应参照高层建筑或地下建筑的火灾逃生方法逃生。

2. 如果商场逃生通道被大火和浓烟堵截，又一时找不到辅助救生设施时，被困人员只有暂时逃向火势较弱区间，向窗外发出求援信号，等待消防人员营救。

3. 在逃生中要注意防止中毒。如采取用水打湿衣服捂住口腔和鼻孔，若一时找不到水，可用饮料代替；逃生行动中，应采用低姿行走或匍匐爬行，以减少烟气对人体的危害。

切记：遇到这种突发事件，你必须坚定一个信念——“我一定能活着出去!”有了这种信念，你就会临危不惧，想方设法去死里逃生。

身处失火的公共汽车中如何逃生？

行驶中的公共汽车由于车内乘客吸烟或因油路漏油、电路老化等原因，都可能引起自燃。一旦车内发生了火灾怎么办？

1. 当你闻到有胶皮烧糊的味道或是看见车内有烟时，要大声提醒司机马上停车、熄火，并迅速离开车厢。

2. 如果着火部位在汽车中间，乘客要从两头车门有秩序地下车。

3. 如果火焰小但封住了车门，乘客们可用衣物蒙住头部，从车门冲下。

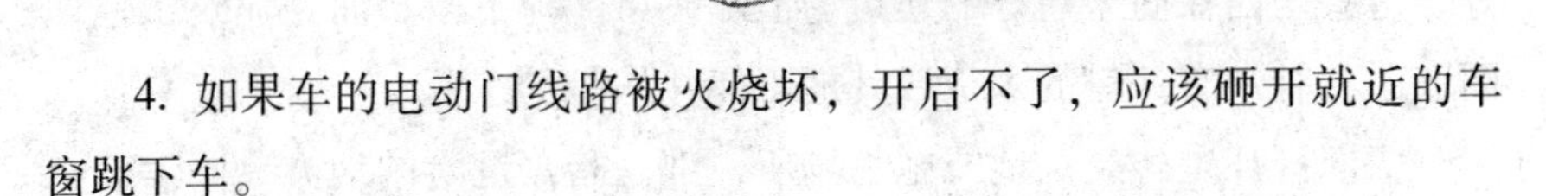

4. 如果车的电动门线路被火烧坏，开启不了，应该砸开就近的车窗跳下车。

5. 如果公共汽车属于自燃而不是人为纵火，从燃点开始到形成火场，总要有一定的过程。这个过程就是逃生的最佳时机。所以，一定要有秩序地离开车厢，否则人人争先恐后，就有可能谁都难以逃离火海。

身处失火的旅客列车中火如何逃生？

旅客列车的火灾特点是，容易造成人员伤亡，容易形成一条火龙，容易造成前后左右迅速蔓延，容易产生有毒气体。遇到险情时要注意：

1. 利用车厢前后门逃生。旅客列车每节车厢内都有一条长约 20 米、宽约 80 厘米的人行通道，车厢两头有通往相邻车厢的手动门或自动门。当某节车厢内发生火灾时，这些通道是被困人员的主要逃生通道。火灾时，被困人员应尽快利用车厢两头的通道，有秩序地逃离火灾现场。

2. 利用车厢的窗户逃生。旅客列车车厢内的窗户一般为 70×60 厘米，装有双层玻璃。当起火车厢内的火势不大时，乘客不要开启车厢门窗，以免大量的新鲜空气进入后，加速火势的扩大蔓延。当车厢内火势较大时，被困人员可用坚硬的物品将窗户玻璃砸破，尽量破窗逃生。

3. 迅速扳下紧急制动闸。运行中的旅客列车发生火灾，无论谁先发现的，都要迅速与列车乘务人员取得联系，迅速扳下紧急制动闸，使列车停下来，在乘务人员的组织下，迅速将车门和车窗全部打开，帮助未逃离车厢的被困人员尤其是妇女儿童和老年人向外疏散。

切记：乘火车时，一定不要带易燃易爆物品。一旦已经带上车，一定要交给乘务人员保管。

建筑工地为啥不是好去处？

因为建筑工地除了吊车、卡车外，还会有钢筋架、水泥板、砖头等，这些东西在尚未建好的建筑物上随时可能掉下来，而且建筑工地地面上还会有带有铁钉的木板或其他可能扎伤脚的东西。

切记：凡是建筑工地或施工场所，都是暗藏危险的地方，同学们一定要远离建筑工地。

看见断了的电线怎么办？

由于刮风或使用的年头太久等原因，有些电线会断开，垂下来像条绳子，这时千万不要去摸它。这些断了的电线往往还带有很高的电压，当你伸手去摸它的时候很容易被电击伤。所以，见到断了的电线要绕开走，并通知有关人员来维修。

看见电焊光怎么办？

工人叔叔在做焊接工作时，电焊枪会发出强烈的紫光线。许多小朋友常常好奇地观看，这是很危险的。因为电焊发出的光线里含有高强度

的紫外线，会刺伤视网膜，严重的会造成失明。

切记：遇到电焊发出的光时，一定要遮挡眼睛马上离开。

遇见行为怪异的人怎么办?

有时候，在街上会看到“与众不同”的人，头发蓬乱，一个人自言自语或大声唱歌……他们很可能是精神病患者，常常是独来独往，行为怪异，有时会对他人做出攻击行为。怎样避免受到他们的伤害呢?

1. 遇到他们，应当尽快远离、躲避，不要围观。

2. 不要挑逗、取笑、戏弄精神病患者，不要刺激他们，以免招致不必要的伤害。

3. 智能低下的痴呆者，甚至醉酒者，也会做出类似精神病患者的举动，也应躲避，不要刺激他们。当他们做出伤害他人的举动时，应当向老师、民警或其他成年人报告。

4. 精神病人是特殊的群体，小朋友们要有爱心，学会尊重这些与正常人不一样的人，不要跟在他们的身后看热闹，不要嘲笑他们，更不要用石子等东西打他们。

遇到“星探”怎么办?

12 岁的黄某在路上被一个自称“星探”的人拦住，说她皮肤好，能成为广告巨星，让她到公司面谈。在交了 300 元的报名费后，说她被录取了，很快就能去拍外景。但随后对方又要她再支付 1500 元签约费和形象推广费。黄某凑足钱交清费用后却一直没有拍成广告，公司的回答是“暂时没有适合你的广告”，之后就连电话都不接了。

未成年人看似独立、自我，但涉世不深、阅历浅，很容易相信别人，因此成为“星探”欺诈的主要目标。此外，未成年人除了有强烈的好奇心，还有很强的虚荣心，想通过“拍广告”等途径一夜成名。未成年人追求成功的想法并没有错，但所谓“一夜成名”的后面往往有很多陷阱。而对于还没有经济能力的未成年人来说，这种欺诈对于他们的打击也比较大，在上当受骗之后，短时间内他们的心态难以调整。因此，作为未成年人应该多一些自警，少一点虚荣。

切记：对于类似的欺诈，最好的办法就是不理睬。

碰见打斗场面怎么办?

未成年人往往爱凑热闹，街上如有打斗场面，有些同学喜欢凑上前去看一看，实际上这是很不安全的。小孩子年龄小，判断力差，打斗时躲闪不及非常容易受伤害。同学们一定要记住，无论在商店、车上，还是其他公共场合，都应该远离一切打斗场面。

遇到有人尾随怎么办?

李强平时喜欢把钥匙挂在脖子上。一天他放学回家，刚刚打开门的一瞬间，被一个人从后面捂住嘴，胡乱找一团东西把他的嘴塞上，接着

用破布条蒙上他的眼睛，又把他的手反绑在椅子上，小偷从容地数着翻到的现款。如果你遇到这种情况该怎么办？

挂钥匙的孩子为了自身安全，可以采取这样几种办法：

1. 钥匙最好放在口袋里。因为挂在脖子上，等于告诉陌生人：你是“小鬼当家”。

2. 如果是在回家的路上，马上加快脚步，甩掉那个陌生人。

3. 如果甩不掉那个陌生人，赶快跑到附近商店或公共场所，向警卫或保安人员求救，或向居民求救，告诉他们有人跟踪你并请他们帮你报警。

4. 如果陌生人在身旁纠缠你，你要大声呼救。

5. 在安全的公共场所给父母打电话，请他们来接你，并在保安人员身边等待父母。

6. 快到家门口时，停下看看身后，确定无人跟踪再开门进家。

7. 如感觉有跟踪者，可先去邻居家或人多的地方。

8. 下次放学或上学要与同学结伴而行，或是请父母在一段时间内接送。

被人抓走了怎么办？

你高高兴兴地走在上学的路上，一个人哼着歌，这时突然有一个相貌凶恶的陌生人要你上他的车，这时候你该怎么办？

1. 千万别惊慌，大声喊“救命”，并奋力挣脱。

2. 跑到人多或热闹的地方，例如商场、繁华街道等处向民警、保安人员及行人求救。

3. 告诉附近商家或是大人，请他们帮忙通知家人、学校或报警。

4. 万一被抓上车，虽然这时你会很害怕，但千万要保持镇静，不要吵闹，以免激怒坏人而使你受伤害。

5. 努力记住坏人的相貌、穿着、年龄及车牌号码，并记住车子所经过的道路、地点和有特点的建筑物。

6. 如果坏人问你家里的电话及父母的姓名，要尽量配合满足他的要求，使自己受到伤害的可能性降到最低点。

7. 寻找适当的时机如停车时突然打开车门向行人或警察求救，即使走不脱也不要过分挣扎，保持体力，耐心等待父母及警察叔叔来救你。

如何沉着冷静应付绑匪？

1993 年 10 月 8 日早晨，某市胜利小学五年级学生 11 岁的李振背着书包去上学。到了晚上，别的学生早就回家了，还不见李振回来，这下可把他的父母急坏了。找了很多天，没有李振的下落。直到一个月后，老师才收到李振从某县寄来的亲笔信。原来，这名小学生因父亲与别人有经济纠纷被绑架了。

应付绑架这种情况，你可以记住以下几点：

1. 预防。不随意和陌生人走，平时应记住自己家、学校、亲友的邮编、地址和电话。

2. 冷静。万一被绑架，要弄清自己在什么地方，对方要达到什么目的。

3. 自卫。告诉对方自己是未成年人，受法律保护，以法律震慑对方。

4. 逃脱。伺机逃跑或设法用信、电话、电报求救。

5. 不管你的处境如何，千万不要“鸡蛋碰石头”，多动脑子，争取时间，千万不要与绑匪正面冲突。

如何防止被人绑架？

12 岁的小雷，一直和母亲生活在海南，母亲为了让他受到更好的教育，去年 9 月把他送到北京一所重点中学就读，还为他买了房子，请了家教陪着他。小雷性格开朗，活泼好动，更爱玩游戏机。他很快就在游戏厅里认识了几个“哥们儿”，年龄都比他大。也许是为了不让“哥们儿”小看自己，小雷显摆起自己家庭的优越。他对“哥们儿”说，爸爸是部队的大官，舅舅是干走私的，家里少说也有个七八千万元。说者无心，听老有意。“哥们儿”几个没有工作，成天泡在游戏厅，眼见

别人有汽车住别墅，这一次机会来了，敲他个几千万元，哥儿几个分分，这辈子不愁了。12月12日中午，和小雷住同院的王若鹏约小雷出去玩游戏机，小雷欣然同意。下午1时许，家教接到电话："小雷已被绑架，准备4000万元人民币赎人，不许报警！"家教以为是哪个孩子的恶作剧，未加理睬。当天晚上，绑匪又打来电话，家教才意识到问题的严重，忙到派出所报案。时至14日上午10时，一起索要4000万元人民币的特大绑架案被宣武区警方侦破。

切记：不要在外人面前吹嘘自己，更不能露富。

乘扶梯、过旋转门怎么做才安全？

一天，春艳和同学到商场买文具，结果从入门开始就遇到了意想不到的麻烦：商场的门是旋转门，她俩个子小，混在拥挤的人流中，转了两圈也没挤进去；终于进了商场，上扶梯的时候，手拉手的她俩，又差一点摔倒。

1. 旋转门最大的好处就是防止拥挤，可毛病也在这里。一旦拥挤谁都出不来、进不去。所以，过旋转门一定要有一个良好的秩序，小朋友个子小，一定要把住扶手，否则容易被推倒。

2. 扶梯是匀速运行的，小朋友乘扶梯时，要看清两条线之间的位置再踏上，千万不能踩线，那是两个台阶的交界处，踩上去很危险。在踏上第一步和下最后一步梯时，一定要注意脚步与运行的扶梯同步。同时要扶住扶手。

3. 不要在扶梯上跑上跑下，不要往旋转的门中挤。

被困电梯里应该怎么办?

一旦被困在电梯里，不要惊慌不要怕。一般的电梯轿厢上面都有好多条安全绳，它的安全系数是很高的，所以电梯一般是不会掉下电梯槽的。电梯都装有防坠安全装置，即使停电了，电灯熄灭了，安全装置也不会失灵。电梯会牢牢夹住电梯槽两侧的钢轨，使电梯不至于掉下去。即使电梯上的安全绳断了（这种情况极少发生），在电梯槽的底部都有缓冲器，它可以减少掉下来时的冲击速度。电梯内的人是不会受到身体伤害的，所以不要因此而害怕。电梯内若有司机，一定要听从他的指挥。他们都是受过专门训练的，都有处理这种情况的办法。如果电梯里没有司机，可以采用多种求救办法：

1. 用电梯内的电话或对讲机求救。

2. 按下标盘上的警铃，拍门叫喊，或脱下鞋子用鞋拍门，发信号求救。

3. 如无人回应，需镇静等待，观察动静，保持体力，等待营救。

4. 千万不要去试图扒门或扒撬电梯轿厢上的安全窗爬出去，因为电梯随时会起动上升或下降，那样做很危险。

怎样游泳更安全？

1. 饭后不宜游泳。饱腹游泳会影响消化功能，在游泳时会出现胃痉挛，甚至会出现呕吐、腹痛等现象。

2. 剧烈运动后不宜马上游泳。剧烈运动后马上游泳，会使心脏加重负担，体温会急剧下降，抵抗力会下降，容易引起感冒、咽喉炎等病症。

3. 不能长时间暴露游泳。长时间曝晒游泳会产生晒斑，或引起急性皮炎，亦称日光灼伤。为防止晒斑的发生，上岸后最好用伞遮阳，或到有树荫的地方休息，或用浴巾遮在身上保护皮肤，或在身体裸露处涂上防晒霜。

4. 准备活动后再游泳。水温通常总比体温低。因此下水前必须要做一些准备活动，否则易导致身体不适，出现腿部抽筋、肌肉痉挛等现象。

5. 不能在游泳后马上进食。游泳后宜休息片刻再进食，否则会突然增加胃肠的负担，时间长了容易引起慢性胃炎等胃肠道疾病。

6. 不能长时间游泳。游泳持续时间一般不应超过 2 小时。

7. 不要在不熟悉的水域游泳。在天然水域游泳时，切忌贸然下水，凡水域周围和水下情况复杂的都不宜下水游泳，以免发生意外。

8. 不要忽视游泳后的卫生。游泳后立即用软质干布擦去身上的水垢，再做几节放松体操，以避免肌群僵化和疲劳。

抽筋了怎么办？

晓莹草草冲了一下便跳进了泳池。赵兰则冲淋浴、做操活动身体。等到晓莹游完 50 米她才下水。在游第二个 50 米时晓莹感到不对劲了，她的小腿越来越沉重，抽筋了。最后小腿竟伸不能伸，屈不能屈，疼得她侧身抓住了池壁，被赵兰扶上了岸。

夏天游泳时，你应该记住以下几点：

1. 天热时，先喝点冷饮，降低一下体温，汗落一下再下水。

2. 下水前一定要充分活动一下身体，如能做一套体操更好。

3. 水中不可持续地拼速度，要一会儿慢一会儿快地变换泳姿。

4. 如果出现抽筋的现象，要把脚尖尽量上翘，缓解后游回岸边休息。

5. 当你游泳或受凉腿脚抽筋时，立即用拇指和食指捏住上嘴唇的人中穴，持续用力捏20～30秒钟，抽筋的肌肉可松弛，疼痛也会解除，许多体育教练员和运动员采取这种方法治疗腿脚抽筋，很有效果。

6. 在水中抽筋了，一定要大声呼救。

放风筝应该注意什么？

王斌在爸爸的指导下，做了一个孙悟空风筝。星期天，父子俩来到立交桥边放飞。“孙悟空”还真棒，第一次试飞就成功了。只见风筝越

飞越高，王斌高兴极了。他边放线边拽着风筝退着跑。突然从桥上拐过一辆汽车，一下子把王斌撞出了老远。

到户外放风筝，要注意如下几点：

1. 选好地点。选择地面开阔，空中开阔，远离路、桥的地方。马路边、铁道旁，人多、车多，放飞时精力集中在风筝上，车来了很容易躲闪不及。

2. 防止触电。农忙时节，场院里会有许多临时安装的电灯、电闸，风筝线搭在电线上造成短路，不但有触电危险，还可能引起火灾。

3. 有高压线的地方不能放风筝。不仅容易触电身亡，还会损坏电器设备。

买东西忘记带钱怎么办？

假如你一个人去商店买文具时，发现忘记带钱，也没有钱坐公交车回家，这时候你该怎么办？

1. 不要向陌生人借钱。

2. 向警察或警卫借钱打电话通知爸爸、妈妈。

3. 如果没有找到警察或警卫，到服务台向服务人员说清你的情况，打电话给爸爸、妈妈请他们来接你。

4. 乘坐出租车回家请爸爸、妈妈付钱。

5. 到公共汽车站，有礼貌地向售票员阿姨或叔叔说明情况，他们会让你免票乘车的。

6. 为了避免下次再有这种事情发生，记得在口袋里多带点零钱或是电话卡。

外出或在公共场所自我防范要注意什么？

外出或在公共场所，同学们遇到的社会情况会比较复杂，尤其需要提高警惕，在自我防范方面应当注意：

1. 应当熟记自己的家庭住址、电话号码以及家长姓名、工作单位名称、地址、电话号码等，以便在急需联系时取得联系。

2. 外出要征得家长同意，并将自己的行程和大致返回的时间明确告诉家长。

3. 外出游玩、购物等最好结伴而行，不单独行动。

4. 不接受陌生人的钱财、礼物、玩具、食品，与陌生人交谈要提高警惕。

5. 不把家中房门钥匙挂在胸前或放在书包里，应放在衣袋里，以防丢失或被坏人抢走。

6. 不独自往返偏僻的街巷、黑暗的地下通道，不独自一人去偏远的地方游玩。

7. 不搭乘陌生人的便车。

8. 外出的衣着朴素，不戴名牌手表和贵重饰物，不炫耀自己家庭的富有。

9. 携带的钱物要妥善保存好，不委托陌生人代为照看自己携带的行李物品。

10. 不接受陌生人的邀请同行或做客。

11. 外出要按时回家，如有特殊情况不能按时返回，应设法告知家长。

与家人走散怎么办?

小朋友如果在熙熙攘攘的商场中突然与爸爸妈妈走散了该怎么办?

1. 不要离开商店。

2. 先在原地等一会，不要慌张，也许爸爸、妈妈就在离你不远的地方；请商店服务员帮忙找到广播室，告诉广播员你和家人走散了，请帮助广播寻找家人。

3. 说清爸爸或妈妈的名字。

4. 要乖乖地听服务员的话，一起等爸爸、妈妈来找你。

5. 不要乱跑，不要随便找一个人告诉他你的爸爸妈妈不见了。以

后再去大型商店时一定要紧紧跟着大人走或牵着大人的手。

遇到雷雨天气怎么办？

夏季里，上学放学或外出的路途中有时会遇到雷阵雨。一旦遇到这种情况要及时躲避，不要在空旷的野外停留，并要注意以下事项：

1. 要远离高压输电线。高压输电线均为裸线且电压均在万伏以上，如果离高压线的距离小于 18 米时，容易造成极严重的触电事故。

2. 雷雨交加时，如果在空旷的野外无处躲避，应该尽量寻找低凹地（如土坑）藏身，或者立即下蹲，双脚并拢，双臂抱膝，头部下俯，尽量降低身体的高度。

3. 如果手中有导电的物体（如铁锹、金属杆雨伞等），要迅速抛到远处，千万不要拿着这些物品在旷野中奔跑，否则会成为雷击的目标。

切记：遇到雷电时，一定不能到高耸的物体（如旗杆、大树、烟囱、电杆等）下站立，这些地方最容易遭遇雷电袭击。

骨折了怎么办？

1. 使患者平卧，不要盲目搬动患者，更不能对受伤部位进行拉拽、按摩。

2. 检查受伤部位，及时就地取材，选用树枝、木板、木棍等，对受伤部位进行固定，防止伤情加重。

3. 没有用于固定的物品时，对受伤的上肢可以用手帕、布条等悬吊并固定在其胸前，下肢可以与未受伤的另一下肢捆绑固定在一起。

4. 开放性骨折（即骨折处皮肤或粘膜破裂，骨头外露），要注意保持伤处清洁，防止感染。

5. 做完应急处理后，立即送往医院救治，要注意运送途中不可碰撞受伤部位，避免人为加重伤情。

被马蜂蜇伤了怎么办?

武淑爱带着5岁的儿子、8岁的女儿和邻居家14岁的小孩到房后山坡上挖野菜。走到一棵柿子树下，便叫邻居家小孩上树摘柿子，不曾想树叶后面藏着一个马蜂窝，蜂窝受震后掉到地上摔烂了。马蜂倾巢而出，疯狂地向武淑爱扑去，乱蜇一气。5岁的儿子身穿背心短裤全身被

蜇，不多时伤口就不断流出鲜血，昏迷过去。其余3人也被马蜂蜇得鼻青脸肿。后来受伤者被送往医院抢救。武淑爱母女经抢救后脱险，而她的儿子却因伤势过重抢救无效，于第二天凌晨死亡。

蜂有多种，如马蜂、蜜蜂、黄蜂、牛蜂、土蜂等。这些蜂的腹部末端都有蜇刺，蜇入时刺内的毒液就会注入人体内，使人体局部红肿产生水泡，甚至中毒而死。

如果被蜂蜇了，你可以采取如下措施：

1. 躲避。遇到群蜂袭来不要乱跑，蜂飞的速度比人跑得快，要立即抱头蹲下，用书包、衣服或者手臂将身体裸露部分遮挡住，尤其是头颈和面部是重点保护部位。

2. 清洗。一旦被蜂蜇了，要用温水、肥皂水、盐水或者糖水清洗伤口，没有水时新鲜的尿也可以。如果伤口处有残留的蜇刺应立即拔掉。

3. 涂药。万花油、红花油、绿药膏等都可以用。将生姜、大蒜、马齿苋（一种野菜）等捣烂、嚼烂涂在伤口处也行。

4. 就医。如果出现头疼、头昏、恶心、呕吐、烦躁、发烧等症状时，应立即到医院治疗。

路遇抢劫怎么办?

一名小朋友正在小区内玩，忽然迎面来了一名高个子青年，青年一把抓住小孩的衣领并凶神恶煞般地对孩子说：“有没有钱？弄点钱给我花！”孩子怯生生地说：“我没带钱。”青年一听立即扇了孩子一巴掌：“没钱我就打扁你！”正待这名青年要对孩子拳打脚踢时，孩子突然朝远方大声喊叫：“爸爸！爸爸！”这名青年一听连头都没敢回便跑掉了。

1. 幼小的孩子如果遭遇打劫，首先要“不怕”，然后大叫以引起周围路人的注意，如果实在没有人，就尽量与对方拖时间，争取有人经过。

2. 大一些的孩子放学时家住同一地区的学生应尽可能结伴同行，

一旦被劫，其他同学可迅速就近报案。被抢的学生则应记住抢钱者的身高、衣着和长相特征，并在事后迅速向公安机关反映情况。

切记：钱财都是身外之物，势单力薄的你应该首先考虑的是生命安危。

收到匿名信怎么办?

一天大立收到一封没有属名的来信，他觉得很奇怪，根本看不懂写些什么内容。又过了一些天，同样的信又来了。你遇到过这种情况吗?

中小学生收到匿名信的事时有发生。所谓匿名信是指来信者未署真实姓名，或根本不署名，不让收信人知道他的姓名。其内容多是辱骂、恐吓、挑拨、攻击、骚扰或提出不正当的要求。匿名信会扰乱收信人正常的学习和生活，造成注意力分散，精神紧张，身心受到损害。遇到这种情况，采取的态度和方法是：

1. 保持镇静。既然来信是匿名，说明对方不敢暴露其真实身份，是做贼心虚的表现，否则何不大大方方，留下真实的姓名和身份呢？所以收信者完全没有恐慌害怕的必要。否则恰恰是上了对方的当，中了对方的计。同时对来信中提出的无理要求坚决加以拒绝，不能有丝毫的含糊和让步。

2. 分析可能。你应该静下来思考，来信者可能是谁？原因究竟是什么？从来信者的笔迹特点等各方面去考虑。再想一想，先前和最近和谁有什么矛盾，谁对你有什么要求遭到拒绝，或你有意无意地触犯过谁。经过分析，至少可以将来信者判定在一个比较窄小的圈子里，心里稍微有点数。当你自己分析这些事有困难时，应该及时告知家长、老师或同学，大家共同来分析。千万不要一个人冥思苦想，浪费太多的时间精力。

3. 及时报告。报告老师和家长，也可通过学校报告派出所民警，公安部门会对那些情节严重的匿名信事件加以追查和处理的。

4. 即使查不出匿名人究竟是谁，你仍然要保持乐观向上的情绪，不要心烦意乱。只要你行为端正，就不怕歪门邪道。

有人拉拢你传看坏书、坏录像怎么办？

孙某向一个小哥们借了一本手抄小说。其中内容淫秽、不堪入目的情节像幽灵一样腐蚀了他。小小年纪就不思读书，还交了女朋友。父母上班后，他便把女友领到家中，品尝“禁果”。后来，这个女孩又与另一男孩交往，于是两个男孩子发生争执，孙某将对方扎伤，犯了伤害罪被判刑。

淫秽书刊、黄色录像害了不计其数的青少年，是一把杀人不见血的软刀子，所以当有坏人拉拢你看黄色制品时，你应该这样做：

1. 远离黄色淫秽的书刊和各种音像制品，包括不健康的小报、杂志，隐蔽性更强的电子光盘，带有黄色画面的游戏机。做到不买、不看、不传、不藏，不受坏人的拉拢、利诱或胁迫。

2. 凡拉拢你观看黄色书刊、录像的人，不管是成年人还是你的同学、朋友，都是违法行为，必须依法惩处。你应该勇敢地做斗争，及时报告有关部门。

面对网络不安全因素应该怎么办？

Internet 是一个丰富的世界，它会让你学到许多的知识，你也可以通过网络认识许多新朋友。但是，和任何其它好东西一样，互联网也会有一些不尽如人意的地方，特别是安全方面。我们建议你：

1. 只与网上有礼貌的人交流。在网络上交谈或写电子邮件的时候，要保持礼貌与良好的态度。同时，如果在网上遇到不礼貌或者让你觉得不舒服的人，或收到这样的邮件，不要回复。

2. 不告诉网上的人关于你自己和家里的事情。网上遇见的人都是陌生人。所以你千万不可以随便把家里的地址、电话、你的学校和班级、家庭经济状况等个人信息告诉你在网上结识的人。

3. 不与在网上结识的人约见。如果你认为非常有必要见面的话，

一定要告诉家中的大人并得到他们的允许，见面的地点一定要在公共场所。

4. 不打开陌生的邮件。如果收到你并不认识的人发给你的电子邮件，或者让你感到奇怪、有不明附件电子邮件，不要打开，不要回信，也不要将附件打开储存下来，应立即将它删除。

5. 密码只属于你一个人。不要把自己在网络上使用的名称、密码告诉网友。另外你要知道，任何网站的网络管理员都不会打电话或发电子邮件来询问你的密码。不论别人用什么方式来问你的密码，你都不要告诉他。

6. 不轻易相信网上的人讲的话。任何人在网上都可能告诉你一个假名字或改变性别等。你在网上读到的任何信息都可能不是真的。

7. 不邀请网上结识的人来你们家。尤其是当你单独在家时。

8. 如果你在公共场所上网后，你一定要在离开时把浏览器关上，否则有些信息会保留在机器中。

迷恋网吧怎么办？

余斌是某市一名高中学生，由于兴奋过度，在玩网络游戏的过程中猝死。

不准未成年人进入网吧，并不等于断绝了与网络之间的联系，而且网络也不是洪水猛兽。怎样才能从对网吧的沉迷中走出来呢？

1. 到学校的计算机中心上网。

2. 使网络成为增长知识、开发智力的帮手。

3. 有条件的情况下可以与父母一起上网。

4. 在课外时间参加学校、社区组织的更多的有意义的活动。

切记：良莠不齐的网络游戏像毒品一样麻醉着缺乏自控能力的未成年人，让他们欲罢不能，而一些管理不善的网吧就像美丽的罂粟花，蚕食着这些未成年人年轻的身体，还有稚嫩的心灵。

如何防止上网友的当？

小雯是个“网虫”。暑假的每一天，她都在网上的电子布告栏上看贴发贴。在诸多的信息中，小雯发觉“青苹果”不是一般人物，此人谈吐不凡，妙语连珠，出口成章，真让小雯觉得相见恨晚。上周，“青苹果”发出了会晤的邀请。你遇到这种情况应该怎么办？

1. 不要说出自己的真实姓名和地址、电话号码、学校名称、密友等信息。

2. 不与网友会面。

3. 如非见面不可，最好去人多的地方。

4. 对网上求爱者不予理睬。

5. 对谈话低俗的网友，不要反驳或回答，以沉默的方式对待。

切记：网络是个“虚拟”的世界，在“虚拟”的世界中很难见到真实的面孔。因此，对“网友”你宁可信其无，不可信其有。

有人教唆你吸毒怎么办?

李琳出生在一个富有的家庭，正因如此被邻家一位吸毒的大哥哥盯住了。一天，那位大哥哥把他叫到一个僻静处教唆他吸毒，结果从此一发不可收。

1. 当有人教唆你吸毒时，你切不可掉以轻心，应坚决拒绝。

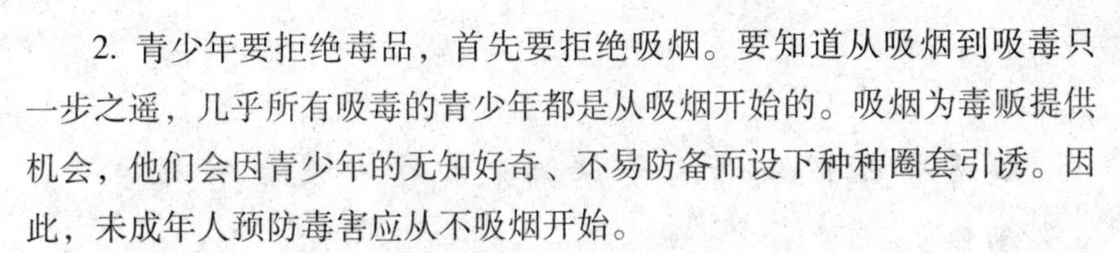

2. 青少年要拒绝毒品，首先要拒绝吸烟。要知道从吸烟到吸毒只一步之遥，几乎所有吸毒的青少年都是从吸烟开始的。吸烟为毒贩提供机会，他们会因青少年的无知好奇、不易防备而设下种种圈套引诱。因此，未成年人预防毒害应从不吸烟开始。

3. 遇到挫折也坚决不能当毒品的“俘虏”。遇到挫折千万莫沾毒品来解脱痛苦。一旦吸毒，悔恨终生。

4. 麻醉药品和精神类药物不能滥用。安定片、三唑仑、哌托啡等药品的主要成份是吗啡、咖啡因等，属国家严格管制药品。精神药品、麻醉药品和海洛因等毒品一样：滥用 = 吸毒 = 死亡。

5. 决不尝试第一次。吸毒人员的亲身体会：“一日吸毒，永远想毒，终身染毒。”

6. 决不与吸毒者交友。遇坏朋友引诱时，抱定永不吸毒的信念，坚决拒绝。遇吸毒人员迅速离开，并及时向公安机关报告，坚决不与之交往。

7. 决不能以身试毒。青少年有极强的好奇心，但千万别放任这种好奇。在吸毒问题上，正面临着生与死的选择，很可能由尝试坠入黑暗的深渊，最终断送了年轻的生命。

戒毒后复吸怎么办?

因为吸了第一次便一发而不可收，前后多次戒毒效果都不明显，怎么办呢?

1. 要有根治毒瘾的坚定信心，痛改前非，发誓永不沾毒。

2. 不能抱有任何侥幸的心理，要知道复吸比初吸危害还大，绝对不能存在“再吸一口无所谓”的侥幸心理，否则将会付出一生的代价。

3. 把吸毒的危害和禁毒的标语写出来，时刻警告自己。

4. 用强化体育锻炼等方法调解心理活动。

5. 不要抱怨他人、家庭、社会对自己的偏见。越是在被冷落和歧视的逆境中越要坚定永远不再吸毒的信心。要相信自己彻底戒除毒瘾的非凡毅力。只要自己不放弃，家人、朋友绝对不会放弃你的。

贩毒分子或吸毒人员诱骗未成年人吸毒有哪些手段?

李琳因为家庭条件优越，父母经商，经常处于无人监护状态，常常逃学，被贩毒分子盯上了。贩毒分子诱骗未成年人的手段有：

1. 初吸“免费”。贩毒分子第一个手段就是设法和青少年特别是那些逃学、辍学的学生套近乎，“免费”送给毒品，引诱他们吸毒。

2. 宣称吸毒“快乐”。说什么吸毒感觉好，吸毒快乐，他们手中的毒品种类繁多，其外表与普通的药丸、药片、胶囊、药剂、药粉极其相像，青少年千万莫被误导而上当。

3. “朋友”引诱。无论在校内或校外结交的朋友，只要在交往甚密的人中有一个人吸上毒，其他人往往很容易受到感染而吸毒。因此青少年应坚决不与吸毒人交友。

4. 宣称吸毒能“解乏提神”。这是毒贩的一种比较有效的欺骗手段。青少年学生不可听信，以免上当。

5. 宣称吸毒是时髦时尚炫耀身份和财富的形式。

遇到艾滋病感染者怎么办?

冬冬的表姐从乡下来了，说是因为她的爸爸得了艾滋病，到他家来避一避。你觉得应该怎么办?

如果你的生活环境中发现有艾滋病人、艾滋病毒感染者或者与他们密切接触的人，不必过分紧张和害怕。只需要做好以下几件事：

1. 在卫生防疫部门指导下，把居室的门窗、墙壁、地板、家具、厕所和公用厨房等用氯酸钠、漂白粉清洗一遍。

2. 凡病人用过的生活用品应放进塑料袋中，送到防疫站指定地点。

3. 洗脸盆、澡盆、便池用含2%的浓漂白粉的澄清液消毒，连续三

天，每天一次。

4. 不要以任何不正当的理由向无关的人透露有关艾滋病人和病毒携带者的姓名、住址和私生活情况，不要对艾滋病人、病毒携带者有各种歧视行为和对其家属的身心伤害。关注、关心艾滋病人和病毒携带者，是一个人有爱心、尊重生命的体现。

未成年人怎样才能有效地预防性病？

张江从电视中看到有关性病的报道后，对性病非常恐惧。其实只要你注意以下方面，是可以避免染上性病的：

注意培养良好的个人卫生习惯。洗澡、洗漱应该有自己的固定用具，尽量不用公共场所里未经严格消毒的用具，不互相换穿内衣裤，更不要不问情况就乱买乱穿来历不明的东西。总之，一个人思想作风正派，行为举止文明，又能注意个人卫生保健，就不可能给性病以可乘之机了。

成了“小烟民”怎么办？

小刚对一些歌星吸烟的“派头”十分崇拜，觉得这才是男子汉。开始他在家里偷爸爸的烟，后来居然把零用钱全花在买烟上，还时常向家长巧立名目地索要零钱来买烟。

如果你染上了烟瘾，现在又想戒掉，你可以这样做：

1. 把所有与烟有关的东西全部扔掉。

2. 在家中贴上禁烟标语。

3. 买一些烟的替代品，当烟瘾上来时吃些口香糖、瓜子、干枣、话梅等食物，转移对烟的兴趣。

4. 尽量不和吸烟的同学接触，如仍要见面可以相互约定不吸烟，或和同学一起开展一些健康的娱乐活动。

游戏时如何保证安全?

游戏是同学们生活中的重要内容，在游戏中也要树立安全观念：

1. 要注意选择安全的场所。要远离公路、铁路、建筑工地、工厂的生产区；不要进入枯井、地窖、防空设施；要避开变压器、高压电线；不要攀爬水塔、电杆、屋顶、高墙；不要靠近深湖（潭、河、坑）、水井、粪坑、沼气池等。这些地方非常容易发生危险，稍有不慎就会造成伤亡事故。

2. 要选择安全的游戏来做。不要做危险性强的游戏，不要模仿电影、电视中的危险镜头，例如扒乘车辆、攀爬高的建筑物、用刀棍等互

相打斗、用砖石等互相投掷、点燃树枝废纸等。这样做的危险性很大，容易造成预料不到的恶果。

3. 游戏时要选择合适的时间。游戏的时间不能太久，时间太久容易造成过度疲劳，发生事故的可能性就会大大增加。最好不要在夜晚游戏，天黑视线不好，人的反应能力也降低了，容易发生危险。

在游乐场活动应注意哪些安全问题？

近些年来，游乐业发展迅速，大大小小的游乐场遍布各地。去游乐场活动应注意的安全事项有：

1. 最好有家长或老师带领，活动时要遵守游乐场的安全规定，不能由着性子来。

2. 要选择经国家检测合格，比较安全、正规的游乐场。

3. 参加每一项活动，都要严格按规定采取保险措施，例如系好安全带、锁好防护栏等。不要开玩笑或冒险做出一些危险的举动。

4. 患病或身体不适时，不要勉强参加活动。

使用游乐设施出现意外怎么办？

1. 飞行塔。当发生停电或者故障，吊舱吊在半空时，同学们应保持镇静并注意收听广播：如果短时间内不能排除故障，工作人员将利用手动盘车将吊舱放至地面，游客按顺序撤离吊舱；如有其他故障，工作人员也可能会利用升降机或者吊车将游客安全地接到地面，请耐心等候，吊舱不是完全封闭的，不必担心出现缺氧。

2. 激流勇进。当停电导致大泵停止运转或者提升机发生故障时，游客可能被困在激流勇进的高空水槽，请同学们保持镇定不要乱动，等待救援；工作人员将及时报告维修人员并在第一时间赶到该项目的高空水槽，帮助游客打开安全棒；要在工作人员的引导下逐个下船，并跟着工作人员沿着步行梯安全撤离。

3. 海盗船。当发生停电或者故障，导致栈桥不能升到位时，同学们不要在船上走动，静候救援；工作人员将利用余气操作控制阀，将栈桥升到位，人工推动船体，使其通道口对准栈桥，游客要在工作人员的安排下逐个从船上撤离；如果无法利用余气操作时，工作人员将把备用梯推至船体的通道口，同学们可顺着梯子顺次撤离。

4. 过山车。发生突然停电或故障时，过山车如果停在提升机上，请不要担心，过山车上安装有防倒装置，保证车不下滑。即使停电的同时发生机械故障，过山车也绝不会脱离轨道。工作人员赶来后，将逐个为游客开启安全棒，要按照工作人员安排，一个一个沿着步行梯撤离到安全地带；当停电或者发生机械故障过山车停在站台外时，工作人员可以启动机器的手动功能利用余气将车操纵到站台内，使得游客从站台安全撤离。如果过山车不能开进站台，工作人员将引导游客从站台外下车，并沿着步行梯撤离；当过山车停在轨道上，也不要惊慌，工作人员会马上用梯子或者升降机将游客及时疏导到地面安全地带。即使在最上端呈“倒挂金钟”的游客，安全棒也不会松开。因此，同学们不必惊慌。

户外活动如何防止中暑?

1. 喝水。大量出汗后，要及时补充水分。外出活动尤其是远足、爬山或去缺水的地方，一定要带够充足的水。条件允许的话，还可以带些水果等解渴的食品。

2. 降温。外出活动前应该做好防晒的准备，最好准备太阳伞、遮阳帽，着浅色透气性好的服装。外出活动时一旦有中暑的征兆，要立即采取措施，寻找阴凉通风之处，解开衣领降低体温。

3. 备药。可以随身带一些仁丹、十滴水、藿香正气水等药品，以缓解轻度中暑引起的症状。如果中暑症状严重，应该立即送医院诊治。

滑冰如何保证安全?

滑冰融健身与娱乐为一体，是一项深受同学们喜爱的活动。

1. 要选择安全的场地，在自然结冰的湖泊、江河、水塘滑冰，应

选择冰冻结实，没有冰窟窿和裂纹、裂缝的冰面，要尽量在距离岸边较近的地方。初冬和初春时节，冰面尚未冻实或已经开始融化，千万不要去滑冰，以免冰面断裂而发生事故。

2. 初学滑冰者，不可性急莽撞，应循序渐进，特别要注意保持身体重心平衡，避免向后摔倒而摔坏腰椎和后脑。在滑冰的人多时，要注意力集中，避免相撞。

3. 结冰的季节，天气十分寒冷，滑冰时要戴好帽子、手套，注意保暖，防止感冒和身体暴露的部位发生冻伤。

4. 滑冰的时间不可过长，在寒冷的环境里活动，身体的热量损失较大。在休息时，应穿好防寒外衣，同时解开冰鞋鞋带活动脚部，使血液流通，这样能够防止生冻疮。

掉进冰窟怎么办?

冬季，大雪纷飞时，正是滑冰的好季节，王明和同学们结伴去滑冰。上冰时冰面质量很好，同学们滑得很开心。王明在滑向右前方的无

人处时冰质更好。突然，“咔嚓”一声，他掉进了冰窟窿。

如果不小心掉入冰窟，一定要采取以下对策：

1. 不要惊慌，保持镇定，要大声呼救，争取他人相救。

2. 不要乱扑乱打，这样会使冰面破裂加大。要镇静观察，寻找冰面较厚、裂纹小的地点脱险。此时，身体应尽量靠近冰面边缘，双手扶在冰面上，双足打水，使身体上浮，全身呈伏卧姿势。

3. 双臂向前伸张，增加全身接触冰面的面积，一点一点爬行，使身体逐渐远离冰窟。

4. 在结厚冰的地方从哪儿掉进去，要记住从哪儿出来，不要再从水下找其它出口，那样会耽误时间，导致不可挽回的后果。

5. 快融化的冰，不可从洞口处爬出，那样会二次落水。要找到足以能承受体重的冰面，趴在冰上，滚向岸边。

6. 离开冰窟口，千万不要立即站立，要卧在冰面上，用滚动式爬行的方式到岸边再上岸，以防冰面再次破裂。

7. 年龄较小的同学发现有人遇险，不可贸然去救，应高声呼喊成年人相助。在紧急的情况下，救人的正确方法是将木棍、绳索等伸给落水者，自己应趴在冰面上进行营救，要防止营救他人时冰面破裂致使自己落水。

8. 安全上岸后，要迅速找个地方藏身取暖，要不断活动以保持温暖，最好能及早换上干衣服。

出门探险要做哪些准备工作？

1. 把目的地和预计返回的时间告诉家人和朋友，一旦发生意外，他们将会及时通知救援人员。

2. 大致估计一下全部旅程需要多少时间。健康的人在野外每小时大约能走 4 公里，休息的时间不要估算在内。

3. 出发前应该致电当地的气象台或有关机构，询问目的地的天气，并穿上合适的衣服。

4. 如果对登山野营的目的地并不熟悉，且缺乏远足的经验，应该找一名当地的导游或参加当地的旅游组织。

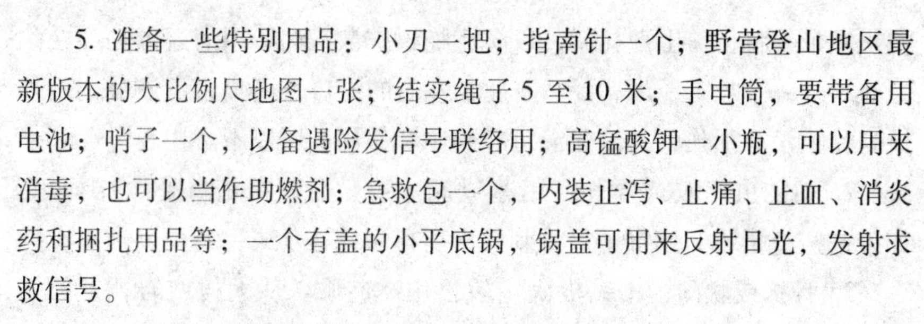

5. 准备一些特别用品：小刀一把；指南针一个；野营登山地区最新版本的大比例尺地图一张；结实绳子 5 至 10 米；手电筒，要带备用电池；哨子一个，以备遇险发信号联络用；高锰酸钾一小瓶，可以用来消毒，也可以当作助燃剂；急救包一个，内装止泻、止痛、止血、消炎药和捆扎用品等；一个有盖的小平底锅，锅盖可用来反射日光，发射求救信号。

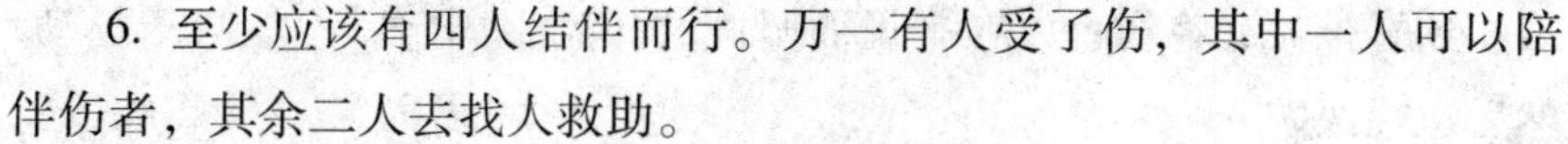

6. 至少应该有四人结伴而行。万一有人受了伤，其中一人可以陪伴伤者，其余二人去找人救助。

登山活动应注意什么？

登山对人的身心健康大有好处，但也潜伏着一定危险。为了保证安全，应该做到：

1. 登山时有老师或家长带领，要集体行动。

2. 登山的地点应该慎重选择。要向附近居民了解清楚当地的地理环境和天气变化的情况，选择一条安全的登山路线，并做好标记，防止迷路。

3. 备好运动鞋、绳索、干粮和水。在夏季，一定要带足水，因为登山会出汗，如果不补充足够的水分，容易发生虚脱、中暑。

4. 最好随身携带急救药品，如云南白药、止血绷带等，以便在发生摔伤、碰伤、扭伤时派上用场。

5. 登山时间最好选在早晨或上午，午后应该下山返回驻地。不要擅自改变登山路线和时间。

6. 背包不要手提，要背在双肩，以便于双手抓攀。还可以用结实的长棍作手杖，帮助攀登。

7. 千万不要在危险的崖边照相，以防发生意外。

登山探险意外受伤怎么办？

1. 被毒蛇咬伤：在野外如被毒蛇咬伤，患者会出现出血、局部红肿和疼痛等症状，严重的几小时内就会死亡。这时要迅速用布条、手

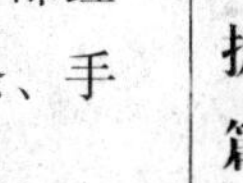

帕、领带等将伤口上部扎紧，以防止蛇毒扩散，然后用消过毒的刀在伤口处划开一个长 1 厘米、深 0.5 厘米左右的刀口，用嘴将毒液吸出。如口腔黏膜没有损伤，其消化液可起到中和作用，所以不必担心中毒。

2. 被昆虫叮咬或蜇伤：用冰或凉水冷敷后，在伤口处涂抹氨水。如果被蜜蜂蜇了，用镊子等将刺拔出后再涂抹氨水或牛奶。

3. 骨折或脱臼：用夹板固定后再用冰冷敷。从大树或岩石上摔下来伤到脊椎时，将伤者放在平坦而坚固的担架上固定，不让身子晃动，然后送往医院。

4. 外伤出血：在野外备餐时如被刀等利器割伤，可用干净水冲洗，然后用手巾等包住。轻微出血可采用压迫止血法，一小时过后每隔 10 分钟左右要松开一下，以保障血液循环。

泥潭遇险怎么办？

一年暑假，小锐和几个朋友一起到野外去玩。到了草原不久，他们就遇到了麻烦。小锐看到离他不远处有一种不知名的植物很是漂亮，他

匆匆地向那边跑去。起初，他感到脚下的地面有点软也没在意，跑了没有几步，突然脚下一滑双脚一下子陷了下去。原来他跑到了沼泽里去了。很快烂泥已经没过了他的脚踝，正慢慢向双膝进逼。小锐一面大声呼救，一面立即把身体后倾，轻轻地躺倒在沼泽上，同时张开双臂十指大张贴在地面上。一面尽可能地伸展身体，一面观察周围的情况，同时慢慢的将双脚从烂泥中拔出。这个过程用了很长时间，因为如果用力过大或过猛，极有可能造成更深的陷入。他就像是在沼泽中仰泳，从陷进去的地方一点一点的往回“游”。这时，同伴们也开始行动起来。一个同伴身上带着绳子，趴在地上一点点爬向小锐，爬近后把绳子交给小锐。在大路上的同伴拉住绳子的另一头，使劲一拉就把小锐和那个同伴给拉上来了。

如果泥潭遇险，你可以这样做：

1. 如果双脚下陷，立即仰卧在地面上，同时张开双臂。

2. 慢慢地把陷在泥中的部位拔出来，并采取仰泳般的姿势向安全的地方“游”，不要着急。

3. 到陌生的地方去，最好随手带一根手杖，随时试一试地面的软硬程度，以免发生危险。

野外宿营在什么地方“安营扎寨”好？

1. 近水。扎营休息必须选择靠近水源地的地方，如选择溪流、湖潭、河流附近，但也不能将营地扎在河滩上或是溪流边，因为一旦赶上下暴雨或上游水库放水、山洪暴发等，就有生命危险，尤其在雨季及山洪多发区。

2. 背风。在野外扎营应当考虑背风问题，尤其是在一些山谷、河滩上，应选择一处背风的地方扎营。还有注意帐篷门的朝向不要迎着风向。背风不仅是考虑露营，更适于用火。

3. 远崖。扎营时不能将营地扎在悬崖下面，一旦山上刮大风时，将可能有石头等物被刮下，造成危险。

4. 近村。营地靠近村庄有什么急事可以向村民求救，在没有柴火、蔬菜、粮食等情况时就显得更为重要。

5. 背阴。如果是一个需要居住两天以上的营地，在好天气情况下应该选择一处背阴的地方扎营，如在山的北面，这样，如果在白天休息，帐篷里就不会太热太闷。

6. 防雷。在雨季或多雷电区，营地绝不能扎在高地上、大树下或比较孤立的平地上。

7. 环保。在野外要保护自然环境，撤营时必须将燃火彻底熄灭。垃圾废物要尽可能带出丢放在指定的地方，特殊情况无法带走时可将垃圾挖坑填埋。

野外如何使用信号求救?

1. 点燃火堆。连续点燃三堆火，中间距离最好相等，白天可燃烟，在火上放些青草等产生浓烟的物品，每分钟加 6 次。夜晚可燃旺火。

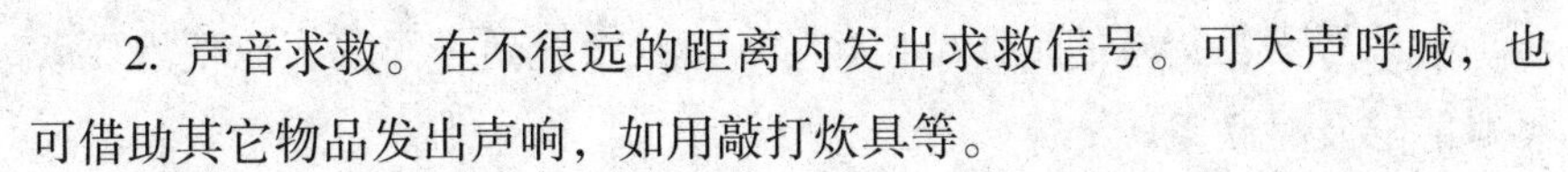

2. 声音求救。在不很远的距离内发出求救信号。可大声呼喊，也可借助其它物品发出声响，如用敲打炊具等。

3. 利用反光镜。利用回光反射信号是有效的办法。可利用的能反光的物品如金属信号镜、罐头皮、玻璃片、眼镜、回光仪等等。

4. 在地面上做标志。在比较开阔的地面，如草地、海滩、雪地上可以制作地面标志。如把青草割成一定标志，或在雪地上踩出一定标志；也可用树枝、海草等拼成一定标志，与空中取得联络。还可以使用国际民航统一规定的地空联络符号标示。

5. 记住这几个单词：SOS（求救）、SEND（送出）、DOCTOR（医生）、HELP（帮助）、INJURY（受伤）、TRAPPED（发射）、LOST（迷失）、WATER（水）。

6. 留下信息。当离开危险地时，要留下一些信号物，以备让营救人员发现。地面信号物使营救者能了解你的位置或者过去的位置，方向指示标有助于他们寻找你的行动路径。一路上要不断留下指示标，这样做不仅可以让救援人员追寻而至，在自己希望返回时，也不致迷路。如果迷失了方向，找不着想走的路线，它就可以成为一个向导。

方向指示器包括：将岩石或碎石片摆成箭形；将棍棒支撑在树叉间，顶部指着行动的方向；在卷草中的中上部系上结，使其顶端弯曲指示行动方向；在地上放置一根分叉的树枝，用分叉点指向行动方向；用小石块垒成一个大石堆，在边上再放一小石块指向行动方向；用一个深刻于树干的箭头形凹槽表示行动方向；两根交叉的木棒或石头意味着此路不通等。

在陌生的地方迷路怎么办？

同学们独自外出到陌生的地方，可能会忘记或辨认不清来时的方向和路线而无法返回；和家人、同学等一起出行，也可能发生走失而迷路的情况。外出时迷失了方向怎么办呢？

1. 平时应当注意准确地记下自己家庭所在的地区、街道、门牌号码、电话号码及父母的工作单位名称、地址、电话号码等，以便需要联系时能够及时联系。

2. 在城市迷了路，可以根据路标、路牌和公共汽（电）车的站牌辨认方向和路线，还可以向交通民警或治安巡逻民警求助。

3. 在农村迷了路，应当尽量向公路、村庄靠近，争取当地村民的帮助。如果是在夜间，则可以循着灯光、狗叫声、公路上汽车的马达声寻找有人的地方求助。

4. 如果迷失了方向，要沉着镇静，开动脑筋想办法，不要瞎闯乱跑，以免造成体力的过度消耗和意外。

登山探险迷路了怎么办?

登山探险时若有不慎，常常会迷失方向。遇到这种情况，千万不能心慌着急，只要冷静观察一下周围的景物，就会在大自然中找到许多识别方向的标志。

1. 如果携带有详细地图的话，应先查一查图例，看看每个符号代表什么，并且找到自己立足处位于地图上的哪一区。在地图上找出迷路前的位置，然后回忆一下曾经经过的房屋、溪流或其他地理特征。

2. 如果没有携带地图和指南针，首先需要考虑能否返回刚才走过的大路。

3. 如果找不到可靠的地理特征，可以利用太阳分辨方向。正午时，北半球的太阳在天顶靠南，南半球太阳则在天顶靠北。

4. 如果云层厚密，看不到太阳，则可以通过观察树干或岩石上的苔藓来辨别方向。苔藓通常长在背光处，在北半球，朝北或东北面的苔藓较多，在南半球，则朝南或东南面的苔藓较多。

5. 可以根据蚂蚁的洞穴来识别方向。因为蚂蚁的洞口大都是朝南的。

6. 如果在星光灿烂的夜晚，则可以根据星辰来识别方向。在北半球，北斗七星有助于找到位于正北方的北极星。在南半球，南十字座大致指向南方。

7. 如果是在冬天,由于日照的原因,积雪难以融化的部分总是朝向北面。

手脚冻伤了应该怎么办?

在寒冷的冬季外出活动，常常冻得手脚发僵。手脚冻僵了，千万不要在炉火上烤或者在热水中浸泡，那样会形成冻疮甚至溃烂。那么正确的方法应该怎样呢?

1. 应该回到温暖的环境中去，使冻僵部位的温度慢慢回升。

2. 一般性冻伤，可浸入约37°C水中5分钟左右，如此反复浸泡直至恢复正常。局部冻伤恢复后，应进行按摩为好。

3. 用雪反复揉搓冻伤处，直到发热。

4. 设法用大衣等将手脚包裹起来，还可以互相借助体温使冻僵的手脚暖和过来。

5. 手和脚冻坏了，不能用热水洗，要慢慢捂，或用手、干毛巾及辣椒泡酒对受冻的部位进行擦拭直到患部发热，促进自身的血液循环以恢复正常。

6. 如果是全身冻僵，应先进行人工呼吸，在3°C左右的温水中浸泡。水温太高易发生烫伤。

把溺水者救上岸后怎么办?

1. 争分夺秒，紧急呼叫急救车。

2. 急救车未到达之前，尽可能清除口腔、鼻腔杂草、泥沙等异物，以利呼吸道通畅。

3. 使溺水者头低位拍打背部，促使水从肺部和呼吸道排出，但此体位不可时间过长。

4. 溺水者呼吸停止，应施行人工呼吸术；心跳停止者，应施行心脏挤压术。

怎样进行人工呼吸？

溺水、窒息、触电、煤气中毒等，均可使用人工呼吸法抢救。病人呼吸运动停止、急需用人工方法帮助呼吸，称之为人工呼吸法。

1. 使病人下颚充分突出，保障呼吸道通畅。若口腔中有杂物应该清除。

2. 口对口人工呼吸法。病人背部垫高，头部后仰，用毛巾或手帕盖住口部，用手捏紧鼻翼，以大力吹气入病人口中，然后松开鼻翼，使气体排出，随后进行第2次、第3次、第4次……

3. 用手进行人工呼吸法。一是病人呈俯卧势，将两手掌展开轻放于病人胸椎中段两旁。施术者腰部提起向下压，然后使胸廓恢复原状。随后托起病人两肘，施术者腰部降落，伸展病人胸廓并提举两肘。以上部骤反复进行。二是病人呈仰卧势，两手紧握病人腕臂，将其两手置于胸廓上。施术者加上体重，压迫病人胸部。然后降低腰部，减轻对病人的压力，并将其两臂伸向施术者两侧。以上步骤有间隔、有节奏地重复去进行。

4. 用手进行人工呼吸时，不可用力过猛、过大，以避免发生肋骨骨折。

怎样避免被蛇咬伤？

1. 蛇有可能出现的户外，不要赤脚或穿凉鞋。而应穿皮鞋或胶鞋，再加上质地结实的长裤，可提高安全性。

2. 毒蛇大多潜藏在石头或朽木下面以及洞穴中。采集山野菜时，不要突然把手伸向这样的地方。

3. 尽量不要偏离大道，不要进入灌木丛、草丛或竹丛。

4. 看到蛇以后也不要惊慌。蛇可以进攻的距离很有限。不要攻击蛇（不要踩，不要抓），一动不动地呆着，直至蛇离去。

5. 即便看上去像死蛇，也不要突然用手去抓。因为有时蛇还活着

并没有死。即使处于濒死状态，如突然用手去抓它，由于肌肉反射，也有可能被咬伤。

被蛇咬伤了怎么办?

毒蛇有毒牙和毒腺，头部大多为三角形，颈部较细，尾部较短粗，色斑较鲜艳，牙齿较长。被毒蛇咬伤，一般可在患处发现有2—4个大而深的牙痕，局部疼痛。

被无毒蛇咬伤，一般有两排“八”字形牙痕，小而浅，排列整齐，伤处无明显疼痛。对一时无法确定的，则应按毒蛇咬伤处理。

1. 立即就地自救或互救，千万不要惊慌、奔跑，那样会加快毒素的吸收和扩散。

2. 立即用皮带、布带、手帕、绳索等物在距离伤口3—5厘米的地方缚扎，以减缓毒素扩散速度。每隔20分钟需放松2—3分钟，以避免肢体缺血坏死。

3. 用清水冲洗伤口，用生理盐水或高锰酸钾液冲洗更好。此时，如果发现有毒牙残留必须拔出。

4. 冲洗伤口后，用消过毒或清洁的刀片，以毒牙痕为中心做“十”字形切口，切口不宜太深，只要切至皮下能使毒液排出即可。

5. 有条件的话，可以用拔火罐或者吸乳器反复抽吸伤口，将毒液吸出。紧急时也可用嘴吸，但是吸的人必须口腔无破溃，吐出毒液后要充分漱口。吸完后，要将伤口温敷以利毒液继续流出。

6. 可点燃火柴，烧灼伤口，破坏蛇毒。

7. 经处理后，要立即送附近医院并尽快服用各类蛇药，咬伤24小时后再用药无效。同时可用温开水或唾液将药片调成糊状，涂在伤口周围的2厘米处，伤口不要包扎。

被水母（海蜇）蜇伤了怎么办？

在海中游泳时，可能遭致水母的蜇伤。水母常群集一起，一旦遭到一只蜇伤，就有可能遭到其他水母的不断攻击。

1. 赶快游离海域登岸。

2. 登岸后应立即除去粘附在皮肤上的水母触角等。

3. 蜇伤后引起皮肤红肿、灼痛，可选用抗过敏软膏外涂。严重的蜇伤可能会导致死亡。

遇到沙尘暴怎么办？

现在北方的冬春季节容易出现扬沙天气，甚至会有沙尘暴，遇到这样的天气不要慌。

1. 戴上帽子、纱巾、眼镜、口罩，护住口、鼻和眼睛。

2. 由于能见度低，走路、骑车都要放慢速度。

3. 尽量用鼻子呼吸，不要用嘴呼吸。

洪水暴发时如何自救？

一个地区短期内连降暴雨，河水会猛烈上涨，漫过堤坝，淹没农田、村庄，冲毁道路、桥梁、房屋，这就是洪水灾害。发生了洪水如何自救呢？

1. 受到洪水威胁，如果时间充裕，应按照预定路线，有组织地向山坡、高地等处转移；在措手不及已经受到洪水包围的情况下，要尽可能利用船只、木排、门板、木床等做水上转移。

2. 洪水来得太快，已经来不及转移时，要立即爬上屋顶、楼房高层、大树、高墙，暂时避险，等待援救。不要单身游水转移。

3. 在山区，如果连降大雨，就容易暴发山洪。遇到这种情况，应该注意避免渡河，以防止被山洪冲走，还要注意防止山体滑坡、滚石、泥石流的伤害。

4. 发现高压线铁塔倾倒、电线低垂或断折要远离避险，不可触摸或接近，防止触电。

5. 洪水过后，要服用预防流行病的药物，做好卫生防疫工作，避免发生传染病。

怎样躲避龙卷风的侵袭？

龙卷风是一种威力非常强大的旋风，多发生在春季。龙卷风往往来得十分迅速、突然，还伴有巨大的声响。它的破坏力极强，能够把所经过地区的砂石、树木、庄稼，甚至海中的鱼类、仓库中的货物卷入高空，对人民的生命财产威胁极大。在龙卷风袭来时，怎样有效地保护自己呢？

1. 龙卷风袭来时，应打开门窗，使室内外的气压得到平衡，以避免风力掀掉屋顶，吹倒墙壁。

2. 在室内，人应该保护好头部，面向墙壁蹲下。

3. 在野外遇到龙卷风，应迅速向龙卷风前进的相反方向或者侧向移动躲避。

4. 龙卷风已经到达眼前时，应寻找低洼地形趴下，闭上口、眼，用双手、双臂保护头部，防止被飞来物砸伤。

5. 乘坐汽车遇到龙卷风，应下车躲避，不要留在车内。

女学生怎样自我保护？

未成年少女如含苞欲放的花蕾，最容易成为“色狼”攻击的对象，所以必须有强烈的自我防卫意识。那么女孩子应该如何保护自己呢？

1. 有超前的防范意识。不要轻信陌生人的许诺，对熟悉的男性也应保持交往距离，掌握活动的合适地点和方式。女生去男教师办公室或宿舍，应该将屋门打开半边，或是二三人结伴去：女生不要穿过于暴露身体的衣着，穿校服是对自己最好的保护；少女身体的任何部位，是不能允许男性随便亲近和抚摸的；少女还应向母亲或其他值得信赖的成年女性请教与异性交往的常识和自护的方法。一般来说，中小学女生都不适合与一位异性单独相处，有老师和家长监护的小组和集体活动比较安全。最根本的预防措施是，使自己置身于受保护的环境中，避免与陌生男子单独接触，使自己不要脱离家庭、学校和社会的保护，就不致造成不幸事件的发生。

2. 有冷静的分析能力。如果你的同学朋友中有的特别爱谈“性”，要疏远他。带到家中的女伴，如果爱交往男友要警惕。有的男教师要单独留你或约你去他家，要慎重思考，一般应有伙伴同去为好。陌生男人问路并请你带路，不要去。陌生男人敲门，无论什么急事、好事，不要开门，等大人回来再说。有大献殷勤的男人，请你喝饮料、吸烟，应留心不要被“麻醉”。

3. 有灵敏的反应能力。万一遇到坏人，应立即报案。如果暂时无法向他人求救，不要慌张，首先要机智地迷惑、摆脱对方，然后再设法寻求帮助、惩罚坏人。一个女孩下晚自习后，被男人跟踪，途中她装得

若无其事，还假装与他谈得来。男人要领她去公园亲热，她说今晚有雷雨，明晚再来陪你“玩”。犯罪嫌疑人信以为真，把她送回“家”（别处的一座单元楼）。次日，女孩带公安人员将犯罪嫌疑人抓获。

4. 有顽强的忍耐能力。要想达到自我保护和防卫成功的目的，必须具备顽强的忍耐能力，绝不能由于肉体、精神受到伤害而失去反抗的信心。如果女孩子具有极强的忍受严重伤害和痛苦的能力，就会给犯罪嫌疑人精神上造成巨大压力，行为上造成诸多障碍，使犯罪目的难以得逞。

5. 学会顽强的防卫能力。呼救，这是所有女孩子都会做的。放开喉咙尖叫，一是表示反抗，二是呼吁救助。万一陷入困境，应竭尽全力还击歹徒。自己的头、肩、肘、手、胯、膝、脚都可以成为攻击的武器。要设法击中歹徒的身体要害，如踢他小腹，会使其疼痛难忍，放弃自己罪恶的行径。也可以不失时机地咬他。

女学生怎样预防别人的非礼?

遇到有人试图非礼的时候，千万不能胆怯、畏惧，要理直气壮、义正辞严地斥责他，在气势上把他镇住、吓跑；或者摆脱他，返回学校求助老师。对个别动手动脚的非礼行为，要大声喊叫，求助路人，借助群众的力量，制止坏人继续作恶。

轻易不要去下列这些地方：

1. 管理不善的学生宿舍；

2. 狭窄幽静、灯光昏暗的胡同和地下通道；

3. 无人值守的公共厕所，高楼内的电梯，无人使用的空屋；

4. 夜晚的电影院、歌厅、舞厅、游戏厅、网吧等；

5. 公共交通车辆上，在人多拥挤、起步、停车、急刹车的时候；

6. 陌生人的车辆。

除了在这些地点需要格外小心外，还要对坏人常用下述的一些作案方式方法有所警惕：

1. 伪装身份。冒充警察、某部门人员、水电气暖的修理人员、推销人员等，使你放松警惕，便于他下手。

2. 编造事由。有时坏人谎称他有什么困难，需要你帮助解决，利用你的同情心，使你放松戒备。

3. 利益引诱。有时坏人利用你的虚荣、贪财心理，送你礼品和钱物，用小恩小惠使你渐渐地钻入他的圈套。

女学生怎样摆脱坏人跟踪？

作为女学生，当一个人走在回家的路上，无意间回头，发现有人时隐时现总跟在后边，而当你注意他时，他却不自然地躲开；你走他也

走，你停他也停，这表明你被坏人跟踪了。

面对这种情况，你应该怎样做呢？

1. 不能惊慌失措，要镇静。

2. 迅速观察环境，看清道路情况，哪儿畅通，哪儿不通；哪儿人多，哪儿是公共场所。

3. 立即甩开坏人。向附近的单位跑，向有行人、有人群的地方跑。如果是夜晚，哪处灯光明亮就往哪跑。如果附近有居民家，往居民家里跑也可以。

4. 可以正面相视，厉声喝问："你要干什么！"用自己的正气把对方吓倒、吓跑；如果对方不逃，可大声呼喊引来行人。如果坏人不跑，那么你就要立即作出反应自己跑开。

5. 如果被坏人动手缠住，除了高声喊，要奋起反抗，击打其要害部位或抓打面部：你身上或身边有什么东西可用你就用什么东西，制止坏人接触自己身体侵害自己。

6. 放学回家出外活动时，尽最大可能创造条件结伴而行，减少单人行走机会；不在行人稀少或照明差的地方走、游玩。如果时间晚了，要想法通知家人去接你；尽可能不向外人透露自己家庭情况，以防坏人听到后了解了你的行动规律：切忌不可冒险，不可存有侥幸心理。不要老用"没事儿"来安慰自己。

女学生夜间行走应注意哪些问题？

1. 保持警惕，最好结伴而行，不走偏僻、阴暗的小路。

2. 陌生男人问路，不要带路。

3. 不向陌生男人问路，不要让他带路。

4. 不要穿过分暴露的衣服，防止产生性诱惑。不要搭乘陌生人的车辆，防止落入坏人圈套。

5. 遇到不怀好意的男人挑逗，要及时责斥并迅速走开。

6. 碰上坏人要高声呼救、反抗或周旋拖延，等待救援。

女学生如何预防社交性强暴？

1. 不要轻易相信新结识的异性朋友。
2. 控制好感情，不要在交往中表现轻浮。
3. 控制交往的环境。
4. 不要饮酒。
5. 不要接受比较贵重的馈赠。
6. 对过分的举动要明确表明自己的反对态度。

法律自护篇

《未成年人保护法》第四十六条规定："未成年人的合法权益受到侵害的，被侵害人或者监护人有权要求有关部门处理，或者依法向人民法院提出诉讼。"未成年人应该明白，依靠法律是预防侵害的首要原则，是自我保护的必备武器。

依靠法律，必须学法、知法。要学习宪法、刑法、治安管理处罚条例、义务教育法、未成年人保护法等有关法律法规，掌握必要的法律知识。要弄清什么是合法，什么是违法；什么是无罪，什么是犯罪；什么是自己的义务、权利和合法权益，什么是受到侵害。还要弄清家庭、学校、社会、司法对未成年人保护的内容和法律责任。

依靠法律，必须用法。要依法履行自己的义务和行使权利，并在违法犯罪行为对自己形成侵害时，能够依靠法律手段进行自我保护。要做到：一要克服"害怕对方报复，干脆自认倒霉"的错误思想；二要克服"管它三七二十一，我私下找人报复"的错误做法。总之，要在法律允许的范围内自我保护，而不能用个人感情代替法律法规。

叔叔不愿做我的监护人怎么办?

《民法通则》规定，未成年人的父母是未成年人的监护人，未成年人的父母已死亡或者没有监护能力的，应由下列有监护权的人担任：(1) 祖父母、外祖父母；(2) 兄、姐；(3) 与未成年人关系密切的愿意承担监护责任，又经未成年人父母所在单位或者未成年人住所地的居民委员会、村民委员会同意的其他亲属朋友监护。你叔叔属于上述规定的第三类人。基于社会道德，他是应该承担责任的。但他不愿意做你的监护人，所以只能由你父母所在的单位或你的住所地的居委会、村委会在其他近亲属中，本着对你有利的原则另行指定，你也可以提出你自己的意见供他们参考。

我想请李阿姨做我的监护人行吗?

这需要区分不同的情况。如果你的父母健在而且有监护能力，你的父母为你的法定监护人，这是谁也无法改变的事实。如果你的父母

都去世了，那你的祖父母、外祖父母以及你的哥哥、姐姐应该主动承担责任，履行对你的监护权，这既是他们的权利也是他们的义务。只有当你没有这些近亲属时，李阿姨才可以有资格做你的监护人。当然，这必须首先征得李阿姨的同意，且必须经过法定的程序。在你父母原来的单位和你居住地的居委会也同意的情况下，李阿姨就拥有了对你的监护权。

周叔叔不同意周阿姨收养我怎么办？

周叔叔与周阿姨作为夫妻，在收养中他们必须共同同意才有效。这在我国《民法通则》中有明文规定，夫妻双方必须共同收养，收养关系才能够成立。否则你和周阿姨是不能构成法律上的母子关系的。如果周阿姨坚持要把你留下来，你们之间只能构成抚养与被抚养的关系，而不适用于收养关系，即你们之间的权利义务不适用于母子的权利义务。周阿姨可以做周叔叔的思想工作，讲明收养孤儿、家里有困难的子女是受社会鼓励的行为，从多方面消除周叔叔的顾虑；你也可以和他好好谈谈，使他对你有更进一步的了解，产生好感，同意收养你。

养父母离婚后，养父不同意给我抚养费怎么办？

我国《民法通则》规定，自收养关系成立之日起，养父母与养子女间的权利、义务关系适用法律关于父母子女关系的规定，即你享有与婚生子女同样的权利。同时，我国《民法通则》又规定，父母双方离婚后，一方抚养的子女，另一方应负担一定的生活费和教育费。你跟你养母一起生活，那么根据我国的法律，你养母有权向你养父要求给你抚养费。因为你是他们共同收养的。他们离婚后，你仍享有法律规定的子女的权利，决不允许你的养父找借口，拒不给付。否则，你养母可以向法院起诉，要求你养父履行自己的义务。

我和另一位同学姓名相同，他强迫我改名怎么办？

每一个公民都有权根据自己的意志决定、使用和变更自己的姓名。在现实生活中，像你们这样同名同姓的现象不仅有一定数量的存在，而且也是不可避免的。在一般的情况下，别人可以根据你们的相貌、声音来区别，法律也不禁止这种重名重姓的现象。你同学的这种要求干涉了你行使姓名权，是违法的，你有权决定自己继续使用这个名字，拒绝他的这个无理要求。同时向他讲明我国的法律，相信他也不会再继续强迫你。当然，如果你觉得同名同姓也给你的学习生活带来了不少麻烦，也可以向你的父母反映这个情况，请他们给你改名，并到户籍登记机关作好登记。

我可以自己改名吗？

姓名权是我国每个公民的一项重要人身权利，任何人都有权决定、使用、改变自己的姓名。当然，由于你还小，所以由你父母给你起了现在的名字，这也是你父母的一项权利。如果你对自己的名字不满意，可以等自己长大后再修改自己的名字，那时，父母也是不能干涉你行使这项权利的。但与此同时，你要到户籍登记机关办好登记手续。

别人冒用我的姓名写诽谤信怎么办？

诽谤他人，本身就是违法的行为，对他人进行恶毒攻击是十分错误的，而且他还冒用了你的姓名，又侵犯了你的姓名权。公民的姓名经户籍机关登记后，就受到法律的保护，凡干涉、滥用、盗用公民姓名的，都构成侵权行为，情节严重的，还要受到法律责任的追究。如果你知道是谁冒用你的姓名，你就可以义正辞严地制止他的这种行为，指出诽谤和冒用他人姓名的行为都是违法的，要求他停止这些行为并道歉；造成了严重后果的，你还可以向法院提出侵权诉讼，由法院处理他的违法行

为。如果你不知道是谁干的，那么你就要向被诽谤的同学声明这不是自己干的，同时采取积极的措施消除各种影响，维护好自己的名誉。

未经我的同意，照相馆能随意把我的照片放在橱窗里展示吗？

肖像权是公民专属的人身权，未经公民的同意，任何人不能以营利为目的使用公民的肖像。照相馆把你的照片放在橱窗里，一方面是因为它照得好，有艺术欣赏价值；另一方面照相馆也是想借此宣传，提高它的知名度，从而增加它的生意，这就明显带有营利的目的。所以，你如果不同意照相馆使用你的相片，就可以要求他们立即停止相片的展示；如果他们不听，你父母就可以去法院控告他们侵犯了你的肖像权；如果你同意照相馆使用你的相片，你也可以通过你的父母向照相馆要求合理的使用报酬。

爸爸要我去给哥哥换亲怎么办？

换亲实际上是一种封建包办婚姻，这种丑恶的现象在我国的部分地区仍然存在。从法律的角度上看，它是干涉婚姻自由的一种具体表现，更何况你现在还小，离结婚的年龄还远着呢。这可能是因为你爸爸封建思想比较严重，希望早日让你哥“传宗接代”，但这不能完全牺牲你的利益呀！你应该坚决果断地反对这门亲事，向爸爸讲清楚，他的做法是错误的、违法的，希望他能从你的身体发育、学习和终生幸福方面为你考虑。对于哥哥的婚事，可以另外想办法解决。相信动之以情、晓之以理，

你爸爸还是会撤销这门“亲事”的。但如果你爸爸想不通，对你采取了粗暴的方法，你就要及时向当地的妇联反映情况，寻求她们的保护了。

我被强奸了怎么办？

强奸，是一种严重的犯罪行为，特别是强奸未满 14 周岁的幼女，更会受到法律的严厉惩罚。我们应该勇于和这种犯罪现象作斗争，勇于揭发犯罪分子，保护自己的合法权益。但有的未成年人遇到这种不幸后，往往不敢说出来，把泪水往肚子里咽，为保全名声而忍气吞声，结果纵容了罪犯，使他得以逃避法律的制裁，甚至得寸进尺，继续作恶。所以，你要正确对待这件事，一方面不要太伤心，要注意保护身心，不要胡思乱想：另一方面不仅要把这件事告诉父母，而且要尽快报告派出所，让公安机关运用法律的力量去惩罚犯罪，保护你和其他少女的人身安全。请相信，他们都会为你保密的。

王阿姨有权干涉我卖家里的东西吗？

这主要是依王阿姨的身份来定。如果王阿姨仅是你的邻居或父母的朋友，那么即使你的行为不对，她也只能是对你进行劝告并把这件事告诉你的父母，而不能强行阻止你的行为。当然，你是应该听王阿姨的劝告改正自己的行为的。否则，不仅可能受到父母的责骂，而且也为收回出卖的东西带来很大的麻烦。如果王阿姨是你的监护人，或者是受委托监护你的人，那么她就有权对你出卖家里的东西的行为进行干涉，你也应该听从她的意见。

作为监护人，李叔叔有权用我的存款为他自己买股票吗？

不可以。作为监护人，李叔叔可以对你的人身、财产和其他合法权益进行管理，这既是他的权利也是他的义务。同时，我国《民法通则》还规定，除为被监护人的利益外，监护人不能处理被监护人的财产。这也就说明，他要处理和利用你的财产，必须是为了你的利益，而且必须是合法的利用或处理。一般说来，买股票所要承担的风险是比较大的，容易造成财产的损害，而且李叔叔是为了他个人的利益，所以他是无权用你的存款买股票的。如果他因此而给你造成财产上的损失，还应该赔偿。

妈妈可以不让我接受别人送的东西吗？

我国法律规定，不满10周岁的未成年人是无民事行为能力人；10周岁以上的未成年人是限制民事行为能力人。即在这两种情况下，未成

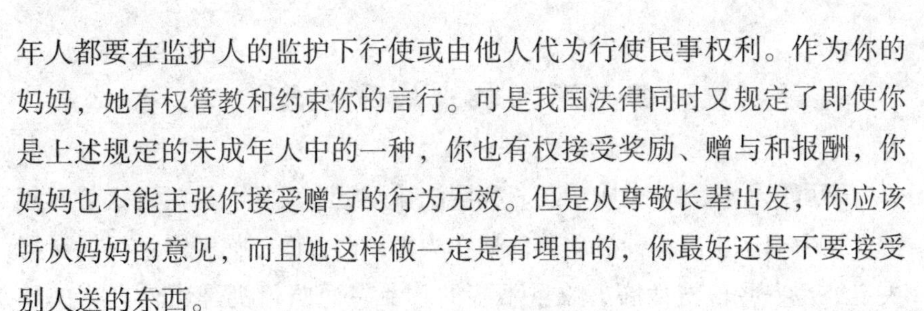

年人都要在监护人的监护下行使或由他人代为行使民事权利。作为你的妈妈，她有权管教和约束你的言行。可是我国法律同时又规定了即使你是上述规定的未成年人中的一种，你也有权接受奖励、赠与和报酬，你妈妈也不能主张你接受赠与的行为无效。但是从尊敬长辈出发，你应该听从妈妈的意见，而且她这样做一定是有理由的，你最好还是不要接受别人送的东西。

我可以用自己的压岁钱买游戏机吗？

压岁钱是别人赠与你的，属于你的个人财产，你可以对它进行支配，用来买你需要的一些东西。但如果你是无民事行为能力的人（10周岁以下），你要买游戏机只能由你父母决定并为你购买，你还没有权利自己决定。同时你也应该尊重父母的意见，如果他们不同意你的做法，你还是应该不要坚持自己购买，避免与父母闹矛盾，造成家庭的不和睦。而且他们一般也是从你的利益出发考虑这个问题的，如果他们认为对你有益一定会支持你的行为。

妈妈可以把我的东西随便送给别人吗？

我国《民法通则》规定，监护人应当履行监护职责，保护被监护人的人身、财产及其他合法权益，除为了被监护人的利益外，不能处理被监护人的财产。妈妈是你的法定监护人，她可以合理利用或处理你的财产，但必须是为了你的合法利益，如给你支付医疗费、学费等。她是不应该随便把你的东西送给别人的。最起码她应该征求你的意见，尊重你的决定。你可以把这件事告诉爸爸，请爸爸制止妈妈的这种行为，也可以自己和妈妈谈谈，提出你自己的要求，相信妈妈会接受你的意见的。

我可以把家里的照相机卖给同学吗?

不可以。你属于未成年人，我国法律规定未成年人只能进行与其年龄、智力相适应的各种活动，包括在买卖东西方面，你和同学只能自行决定处理一些价格低廉、数量不多的物品。而照相机是比较贵重的物品，这种买卖行为属于比较大的民事行为，与你们的年龄不相称，所以你们的行为是无效的。同时你也不应该擅作主张，把家里的照相机拿出来，应首先征得父母的同意，要卖也只能由他们来卖。你应该向爸爸妈妈承认这个错误，不要因为害怕受到责备而掩饰自己的过错。

警察叔叔可以随便把我抓走吗?

我国《宪法》规定，公民的人身自由不受侵犯。没有经过法定的程序，任何机关和个人不得非法剥夺，公安人员也不例外。如果你干了什么错事，警察叔叔是有权经过批准后把你带走的；但如果你并没有干坏事，警察叔叔也没有任何证据怀疑你，而且也没有经过合法的程序，他是不能把你抓去的。如果发生了这样的事，你父母可以要求警察叔叔向你道歉，符合《国家赔偿法》条件的，你还可以要求获得补偿。

我残疾后养父不想再照顾我怎么办?

你的养父既然已经收养了你，那么你们就构成了法律上的父子关系，他就有义务抚养你。你有残疾了，他应该从各方面更好地照顾你，而不应该遗弃你。否则，他就违反了我国残疾人保护法的有关规定，你可以请居委会或你养父单位的同志做他的思想工作，也可以自己和他谈一谈他是无权要求解除你们父子关系的。如果他怕麻烦真的不愿再抚养你了，在这种情况下，为了以后更好地生活学习，你可以要求和你的养父解除父子关系，重新选定你的监护人。同时，你不要受到这些事过多的影响，要树立面对生活的强烈信心，把你自己应做的事如学习成绩搞好。

爸爸去世后，已经工作的哥哥有义务抚养我吗？

你哥哥是有义务抚养你的。本来父母作为你的监护人，这是他们的责任，但是因为你的父亲去世，家里的经济条件不好，你妈妈又没有能力供给各种的花费，根据我国的婚姻法，有负担能力的兄长对未成年的弟妹有抚养的义务。你哥哥已经出去工作了，有了一定的经济能力，他应该帮助你妈妈抚养你，同时作为兄妹，从道德上讲，照顾弟妹也是他义不容辞的义务。如果他不愿意承担这个责任的话，你的母亲可以到当地法院去，请法官给你解决，使他认识到自己的错误，给你生活费。

我被收养后，生父母还能干预我的生活吗？

根据我国收养法的规定，从你的养父母收养你的那天起，你们之间就构成了法律的父母子女关系，他们对你就有监护、抚养、教育的权利。至于你的生父母，他们虽然生你的事实不可改变，但从法律上说，他们对你的权利和义务随着你的被收养而消除了，他们就不能再干预你的生活了。但你毕竟是他们所生的，他们对你应该还是有感情的，他们还是希望你能够学好的，对你的善意的教导，你还是应该接受。

父母偷看我的信件及日记怎么办?

上初一的小鹏从小就有写日记的习惯。一天放学回到家，看到妈妈正在自己房间里看他的日记，小鹏很惊讶，大声对妈妈嚷道："你有什么权利看我的日记？你不知道看别人的日记是违法的吗?"

父母私自看孩子的信件和日记是不对的。虽然少男少女是未成年人，但未成年人同样有通信自由和保守自己秘密的基本权利，这种权利是受《未成年人保护法》保护的。我国《未成年人保护法》第三十一条明确规定："对未成年人的信件，任何组织和个人不得隐匿、毁弃。除因追查犯罪的需要由公安机关或人民检察院依照规定的程序进行检查，或者对无行为能力的未成年人的信件由其父母或者其他监护人代为开拆外，任何组织和个人不得开拆。"

父母希望了解子女心中所思所想的心情可以理解，但若采取私拆信件的做法又是不对的。作为孩子，面对父母的错误做法，过多的责怪是无济于事的，要学会正确对待父母，把父母当作自己的知心朋友，主动与他们加强沟通和交流，多和父母聊聊学校以及同学们的情况，增进彼此的理解。父母了解了你，自然就安心和放心了，也就没有必要去拆看你的信件和日记了。

物价上涨，爸爸给我的抚养费不够用怎么办?

一般情况下，父母在离婚时都会对子女的抚养费问题达成一个协议，决定每月该给多少钱，这一般是不能随意更改的。但你面临的这种特殊情况，我国的法律是可以向你的父亲要求提高抚养费的。首先，可以先同你的父母双方再进行协议，请求父母考虑实际情况，增加费用。

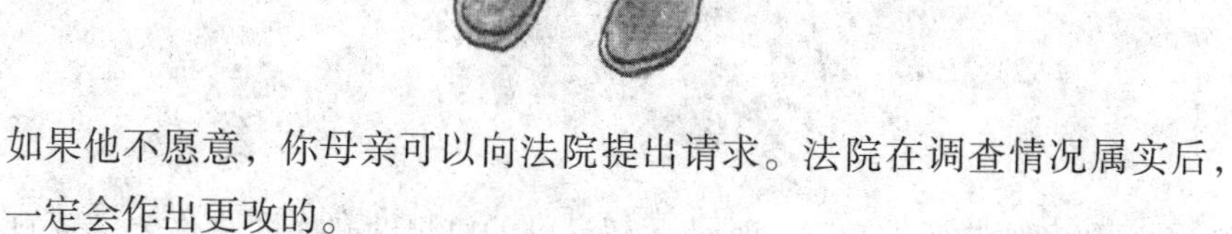

如果他不愿意，你母亲可以向法院提出请求。法院在调查情况属实后，一定会作出更改的。

老师怀疑我和女生经常通信而私拆我的信件怎么办?

老师在学校里承担教育和监护学生的义务，他怕你早恋影响学业，为了了解情况而私自拆开你的信件，也是从爱护学生的角度出发。但是，我国《宪法》规定，公民的通信自由和通信秘密受法律保护。同时《刑法》和《治安管理处罚条例》也规定，隐匿、毁弃或非法私拆他人信件，侵犯通信自由权利，要追究刑事责任。可是为了尊敬师长，你应该用适当的方式向老师反映这个问题，维护自己的合法权益。你可

以通过和老师诚恳地交谈，使他了解自己的思想动态。同时你要端正自己和女同学相处的态度，发展正常的友谊，而不应该超过这个界限。

公安机关怀疑我跟犯罪团伙有联系而检查我的信件怎么办?

我国《宪法》规定了公民的通信自由和通信秘密受保护的权利。但是这是有条件的，我国《宪法》同时也规定了因国家安全或追查刑事犯罪的需要，公安机关或检查机关可以依照法律规定程序对通信进行检查。因此，公安机关的行为是合法的。同时，作为一名公民有义务同

违法犯罪行为作斗争。尽管你没有干违法的事情，但如果你知道案件情况的话，也应该向有关机关提供线索，使犯罪分子受到应有惩罚，从而维护社会良好的秩序。

同学为集邮而私自把我的信件拿走怎么办？

学生应该有丰富的业余生活，而集邮就是一种健康的爱好，它可以增长知识，提高鉴赏能力，充实业余生活。但是决不能为了集邮而私拿他人的信件，在他人的信件上“开天窗”，把漂亮精美的邮票拿走，这就侵犯了同学的隐私权，破坏了同学的通信自由和通信秘密。你遇到了这类事情，可以：（1）向老师反映情况，由老师对该同学进行批评教育；（2）自己和该同学谈谈，提出你的要求，请他尊重你的权利。如果允许的话，你还可以送一些精美的邮票给他，帮助他克服不良的习惯，做一对遵纪守法、志趣相同的好朋友。

我因考试不及格要交罚款怎么办？

学校是教书育人的地方，正是因为我们有很多的东西不懂，所以我们才要上学，从而提高自己的素质。考试是检验我们学到多少东西的一种方式，或决定我们可不可以再深造，决没有考试不及格要交罚款的这种道理，国家教育部门也明文规定禁止这种做法，这属于学校的乱收费。一个学生成绩好不好，不仅和他个人的情况有关，而且和学校的教育方式有联系。你应该：（1）向教育部门反映要交罚款的情况；（2）和老师谈心交流，分析不及格的原因；（3）端正自己的学习态度，更加刻苦努力地学习。

遭受家庭暴力怎么办？

2000 年 4 月 12 日，某市琉璃河地区 43 岁的农民骆淑平，因对 8 岁的儿子王闯多次未完成老师布置的作业及说谎之事不满，遂持木把笤帚

对王闯进行殴打，王闯缺乏自我保护的意识，既不反抗也不躲避，任母亲毒打，造成双臂及下肢大面积创伤，并引发肾功能衰竭，法医鉴定为重伤。

假如你遭受了家庭暴力，你应该怎么办呢？

你有权向有关部门和组织请求保护。对正在实施的家庭暴力，你可以向派出所、居委会、村委会等请求保护。根据我国婚姻法第四十三条规定，对正在实施的家庭暴力，受害子女有权向居民委员会、村民委员会请求保护。居民委员会、村民委员会应当予以劝阻。受害子女也可直接向公安机关请求保护，公安机关应当予以制止。根据我国预防未成年人犯罪法第四十一条规定，被父母或者其他监护人遗弃虐待的未成年人有权向有关部

门和组织请求保护。有关部门和组织是指公安机关、民政部门、共青团、妇联、未成年人保护组织或者学校、城市居民委员会、农村村民委员会。这些部门和组织都应当受理，根据情况需要采取救助措施的，应当先采取救助措施。

对侵犯未成年人合法权益的行为，任何组织和个人都有权予以劝阻、制止或者向有关部门提出检举或者控告。

继母老是找借口打我怎么办?

你的继母通过法定程序与你构成母子关系，因此她有义务关心和爱护你。她老是找借口打你是不对的。我国《民法通则》规定：公民享有生命健康权。同时我国《婚姻法》也规定禁止家庭成员间的虐待。少年儿童的合法权益是受国家保护的，你继母的这种行为损害了你的身心健康，你可以向爸爸反映，同时也可以向老师反映，请他们来做你继母的思想工作。如果她仍不改正，还可以向法院控告他的虐待行为。另外，你也要反省一下自己的行为，是不是也有做得不对的地方呢?

老师把我关在教室里惩罚我怎么办?

你做了错事，老师有权利对你进行批评教育，从而使你明白道理，改正错误。但他（她）的这种方法是不太合适的，教师教育学生时应有耐心，而且要注意采用适当的方法。同时我国《宪法》规定公民的人身自由不受侵犯，任何组织和个人都不能非法剥夺、限制公民的人身自由，触犯了刑法的，还会受到法律的严厉制裁。你向老师讲清楚道理，相信他（她）是会改正自己的错误的。你也应该自己反省一下，究竟错在什么地方惹得老师这么生气，从而改正自己的错误。

爸爸经常把我关在家里怎么办?

父母要出去工作，因此他们在你身边行使监护权的机会受到局限。同时，少年儿童的处事能力也有一定的

限制，所以你父亲怕你出去闯祸或受到伤害的心情是可以理解的，为了避免意外发生，他简单地采取了把你关在家里的消极办法。但是每一位公民都有自己的人身自由，这种权利不得侵犯，我国法律禁止非法剥夺、限制公民的人身自由。你可以向爸爸解释一下这个问题，同时好好学习，提高法律意识，学会遵纪守法和保护自己的合法权益，从而防止意外事故的发生。

爸爸欠别人的钱，别人把我当作人质怎么办？

你父亲欠别人的钱，自然是应该还给别人，拖欠是不对的。但是债主不能以此为理由而把你扣作人质来迫使你父亲还钱。这样做侵犯了你的人身自由，属于非法拘禁他人的行为，是要受到法律制裁的。你应该向他讲清楚法律的规定，使他停止对你的侵害。否则，你父亲可以去法

院控告他。你回去以后应劝说爸爸把钱还给别人。如果确实是因为经济困难，可以让你爸爸和债主签订一份协议，逐步把钱还清。这样避免双方都受到伤害，而使事情得到合理的解决。

同学写小字报侮辱诽谤我怎么办？

同学间应友好相处，尊重他人的人格，有什么矛盾应该通过友好的方式解决，而不能用恶劣的手段进行报复。他的这种行为伤害了同学的自尊心，也影响了他自己的为人和形象。我国《宪法》和《民法通则》都明确规定，公民的人格尊严受保护，禁止用侮辱等行为损害公民的名誉。造成不良影响、构成侮辱诽谤罪的还要受到法律的制裁。你可以要求同学向你赔礼道歉，消除在其他同学中造成的不良影响，恢复你的名誉。

同学诬陷我偷了东西怎么办？

我国《宪法》和法律禁止公民对他人进行诬陷诽谤，这是我国法律对公民人格尊严的保护。诬陷他人违法犯罪的行为本身就是一种违法犯罪的行为。在学习和生活中我们不应该这样做，否则将有可能构成诽谤罪，受到法律的制裁。但是你自己要想一想，同学为什么要诬陷你呢？是不是以前干了什么事得罪了同学，是正确的还是错误的呢？如果你没有错，就应该坚持自己的言行；如果错了，就应该向同学认错。当然，这位同学也应该对自己的诬陷行为负责，最起码要向你赔礼道歉，消除因此对你造成的影响。

警察叔叔搜查我家怎么办？

《宪法》规定，公民的住宅不受侵犯，禁止非法搜查或非法侵入。任何机关或者个人没有经过法律的许可，不得随意强行进入搜查。即使公安机关为了执行任务，也要严格按照法律程序进行。因此警察叔叔搜查你家必须出示搜查证才是合法的。否则你和你的父母可以拒绝他们的

搜查。如果他们强行进入，可以根据我国的法律向有关机关提出控告。给你们家造成损失的，还可以根据《国家赔偿法》要求获得赔偿。

老师怀疑我偷了同学的钢笔对我进行搜身怎么办？

公民的人身自由是不受侵犯的，我国法律禁止他人非法搜查公民的身体。老师仅因为怀疑你偷了东西就要对你进行搜身，这既是对你人身权的不尊重，伤害了学生的自尊心，降低了老师的威望，同时也违反了我国的法律，你可以：（1）主动提供各种证据，证明自己并没有干坏事，消除不好的影响；（2）反省一下自己一贯的行为，为什么会导致老师对自己怀有不信任的态度；（3）主动和老师谈心，反映自己的思想状况，同时大胆地提出请老师尊重你的权利。相信经过你的努力，老

师和同学都会理解你的。

学校后面的工厂排放出有毒废气怎么办?

学校是教书育人的地方，它应该有一个幽雅的环境。因此它的附近不应该有影响教学的工厂，更不能允许他们排放有毒废气损害学生的身体健康。同时我国的法律保护公民的生命健康权，对造成大气污染事故，导致人身伤亡严重后果的，要追究有关责任人员的刑事责任。你可以：（1）向学校领导要求，请他们向该工厂和该工厂的上级主管部门反映，要求他们治理污染或搬迁工厂；（2）通过老师和家长向环保部门反映，请他们来帮助解决；（3）向新闻机构披露这件事，取得社会舆论的支持。

医生给我吃错药导致我残疾怎么办?

作为医务人员，他们必须对自己的工作行为负责，出现了医疗事故，他们有不可推诿的责任，有关医务人员应该受到相应的处罚。但更重要的是你父母应该请当地的医疗事故技术鉴定委员会鉴别你致残的医疗等级，再由有关的医院支付给你医疗事故补偿费。同时因医疗事故而产生的医疗费用，也由该医院支付。你还应该在父母的陪同下去当地的残联办理残疾人证，有了这一证件，你可以享有一系列被照顾的权利。你千万不能因这次事故而丧失信心，垂头丧气，一定要树立坚定的信念，继续自己没有完成的学业和事情。

邻居把音响开得很大影响我的学习和休息怎么办?

你的邻居这样做是在滥用自己的权利，我们决不能为了自己的喜好而不顾他人的权益。本来欣赏音乐是一种高雅的兴趣，每个人都有权进行自己喜爱的活动，但与此同时不能违背社会公德和侵犯别人的合法权益。你可以向邻居提出你的要求请他（她）把音量放小一些，同时在

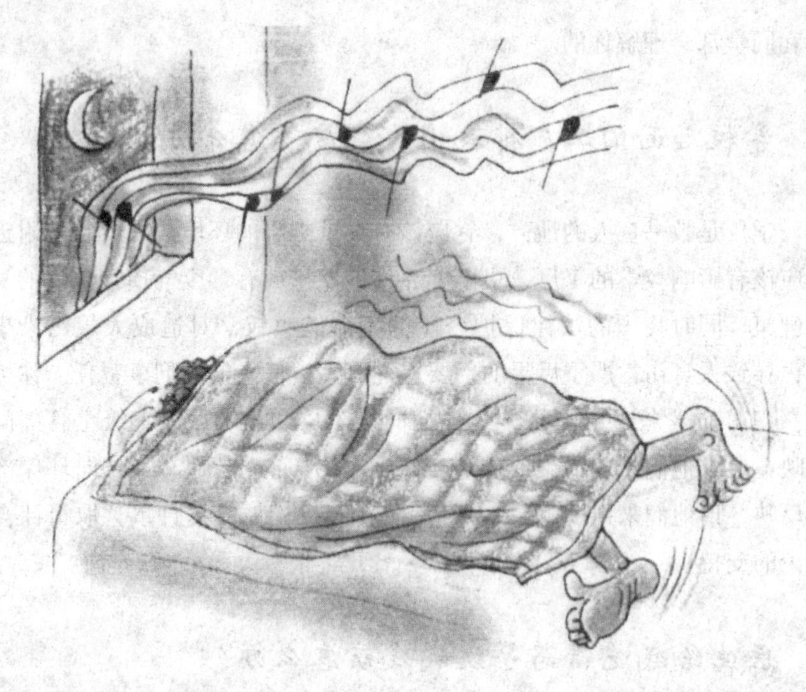

休息时间不要影响你的睡眠，因为他（她）也许并没有意识到已经妨碍了你的正常生活。你还可以请居委会出面帮助解决。如果他（她）仍不改正，你可以和其他邻居一起对他进行谴责，利用舆论的压力使他（她）认识到自己的错误。

我在路上被狗咬伤了怎么办？

小猫小狗十分可爱，它们常给我们带来很多的乐趣，但同时也带给我们很多烦恼，如咬伤人就是其中的一个方面。因此我国《民法通则》规定，动物饲养人有管理好所养的动物的义务，饲养的动物造成他人损害的，饲养人或管理人应当承担民事责任。你在路上行走，并没有去逗这条狗，而是因为狗的主人管理不严导致狗咬伤了你，你本身并没有过错，所以狗的主人应该承担因此而造成的责任，并防止以后不再有同类的事情发生，做好管理工作。而你则应该及时去卫生防疫站注射疫苗，防止产生不良的后果。你父母可以要求狗的主人赔偿因治伤而造成的损失。如果遭拒绝，那么你父母就可以向法院起诉，由法院强制其赔偿。

我掉进为铺设输水管道挖的沟里摔伤了怎么办？

铺设输水管道是公益行为，所以政府允许有关部门在公共场所施工，但必须采取一定的防护措施。我国《民法通则》规定，在公共场所、道路或通道上挖沟，修理安装地下设施等，没有设置明显标志和采取安全措施造成他人损害的，施工人要承担有关的责任。根据上述规定，如果施工单位没有，你可以要求施工单位赔偿你因疗伤而造成的一切损失。这同时也提醒了你，在路上行走一定要注意，不要东张西望，避免自己遇到了危险却还不清楚，因为在一般的情况下，施工单位都会采取必要的防护措施。如果你因为自己的疏忽而造成损害，施工单位是不负责赔偿的。

路边楼房上的花盆掉下来把我砸伤了怎么办？

我国《民法通则》规定，建筑物上的搁置物坠落造成他人损害的，它的所有人或管理人应该承担有关责任，除非他（她）能够证明自己没有过错。虽然楼房上的花盆坠落把你砸伤是花盆的主人不希望发生的“意外事件”，但这主要是因为他（她）没有把花盆放好造成的，他（她）应该预见到可能会因此而产生一定的后果。所以，花盆的主人应该承担有关的责任。你可以通过父母向他（她）要求合理的赔偿，相信他（她）也会知法懂理的。你还应该提醒他（她）把其他花盆也放好，避免造成对其他人的伤害。

新买的自行车轮子掉了把我摔伤了怎么办？

我国有关法律规定，因产品质量不合格造成他人财产、人身损害的，产品的制造者、销售者应当依法承担有关责任。你新买的自行车轮子掉了，显然就是由自行车的质量不合格造成的，你可以向销售该自行车的商场或制造该自行车的工厂要求赔偿各种费用，并可以通过你的父母向消费者协会反映。同时你也要注意，以后买东西一定要注意产品的质量，是合格产品才购买，买回来后还应该做进一步的检查，以防止意外事故的发生。

我下公共汽车时汽车突然开动把我摔伤了怎么办？

公共汽车的司机这样做是不负责任的。汽车停靠站乘客上下车时，应由售票员通知司机什么时候重新开动。在售票员没有发出讯号的情况下，司机擅自把车开动，是会危害到乘客的生命安全的，他（她）应该认识到这一点。因为他（她）违反操作规程，造成了你的伤害，根据我国的有关法律，你可以向公共汽车公司提出你的赔偿要求，而不是直接向司机要求赔偿。因为司机此时正代表公共汽车公司在进行运送乘客的活动，所出的事故由公司负责承担。他（她）的过错由公司对他（她）作出处理，若他（她）违反了法律，还要受到应有的法律制裁。

我上学时被两辆相撞的自行车压伤了怎么办？

你可以要求这两个撞车的人对你的伤害损失进行赔偿，他们对此都有不可推卸的责任，由他们合理地分担义务。马路上各种车辆繁多，一不注意安全就很容易发生事故，有时候尽管自己严格遵守了交通规则，仍会受到意外事故的伤害，你被这两辆自行车压伤就是一个例子。我们行走时要擅于应付各种突发事件，如果你能对他们相撞的情况提早作出正确的判断闪避开来，不就可以避免自己受伤了吗？所以，你应该以自己为例子向同学们讲明情况，帮助他们提高警惕。

我吃了买的食物中毒住院了怎么办？

从事饮食业的工商活动，除了要有工商部门的有关证件外，还必须有卫生防疫部门准许经营的合格证。你以后千万不要到没有证明、不符合卫生要求的小食店买东西吃。对这件事的处理办法是：让你父母向工商部门和卫生防疫部门反映，查处这些小店。同时，你父母还可以向县级以上的卫生行政部门提出要求有关小食店赔偿你治疗的各种费用，而且这个要求必须在一年内提出才会受到法律的保护。如果小食店不愿意赔偿，可以请法院强制执行。

老师随意剥夺了我的标兵称号怎么办？

荣誉权是每个人应有的权利。作为一名学生，你在德、智、体、美、劳方面有突出的表现，就有权利获得标兵这个光荣的称号，这是对你成绩的肯定。学校通过一定的程序授予你这个称号，老师是无权随意剥夺的，他的这种行为违反了《民法通则》中的有关规定，侵犯了你的合法权利。你可以：（1）向学校反映老师的行为，要求恢复称号；（2）和老师做一次诚恳的交谈，找出他（她）这样做的原因；（3）如果这对你造成了很不好的影响，你可以通过父母要求老师赔礼道歉。

同学指责我抄了别人的作文怎么办？

对这个问题你要一分为二地对待。如果你确实抄了别人的作文，那他（她）的批评就是正确的。你的行为侵犯了别人的著作权，是不对的。你应该改正自己的错误，以后不要再出现同类的事情。如果你并没有抄袭，可以向老师和有关同学解释清楚。如果该同学是蓄意这样做的，经你证明你的作文并非抄袭之后他（她）仍到处传播，加以渲染，他（她）的行为就侵害了你的名誉权。你可以要求他（她）立即停止这种行为，向你赔礼道歉。你也可以请老师帮你解决这件事。

小峰推小宏把我撞伤了怎么办？

如果小峰和小宏是在玩耍中把你给撞伤了，那么他们两人对你的受伤都有责任。必须让他们明白，玩耍时应该有分寸，要注意游戏的场所，更要注意安全，不能因此而伤害了别人。不能仅因为小宏把你撞伤就由小宏一个人负责，小峰也有着不可推卸的责任，他不能以此为借口

开脱自己的过错。因此，作为他们的监护人小峰和小宏的父母应该赔偿给你必要的费用。如果小宏突然被小峰推来撞你，你就不能要求小宏赔偿了，因为小宏这时候是没有过错的，你受伤的损失只能由小峰负责。

我在学校里被同学打伤了怎么办？

同学间处理问题应该采取适当的方法，不应该采用如此粗暴的方式。如果彼此间不能解决的，应该请老师帮助处理。因为在家里由父母对你们的言行进行约束和教育；而在学校家长已经把监护权交给了老师，老师就有义务对你们的言行进行指导，如果学校没有采取必要的措施使你们免受伤害，就必须承担一定的责任。同时我国《刑法》规定，故意伤害他人身体的，处三年以下有期徒刑或拘役。你的同学已构成了故意伤害罪，但由于他是未成年人，所以可以得到法律的从轻或减轻处罚。你父母可以要求学校和对方同学的家长承担一定的医疗费用，你也应该好好反省一下自己的行为。

我把别人打伤了，父母有没有责任？

我国《婚姻法》规定，父母有管教和保护未成年子女的权利和义务，在未成年子女对国家、集体或他人造成损害时，父母有赔偿经济损失的义务。因此，你把别人打伤了，你的父母是有责任的，他们应该赔偿对方的经济损失，如医疗费和适当数量的营养补助费等，并且还要对自己的子女严加管教。所以你最好与别的同学友好相处，从小培养法律观念，遇事讲道理，切勿动手打人。否则，不仅会给自己也会给你的父母带来许多不必要的麻烦。

养子女有权向生父母要抚养费吗？

父母对子女有教育、抚养的义务，《婚姻法》对此已有明确的规定。但因为养子女已经被别人收养，与养父母形成了法律上的父子或母子关系，这时法律规定，养子女与生父母间的权利、义务基于收养的事实而归于消灭，所以生父母抚养未成年子女的义务也就随之消除了，养子女就无权向生父母索要抚养费。

我借了别人的钱，妈妈不同意还怎么办？

你借钱没有经过妈妈的同意是不对的。你的年纪还小，所以父母没有给你额外的钱，怕你乱花。如果你确实有正当的理由需要花钱，应向妈妈讲明，相信她也会通情达理把钱给你的。你不应该随便借别人的钱，不然爸爸妈妈不还钱，你不是很尴尬吗。当然，你既然已经欠了别

人的钱，那么根据我国的法律，公民应当清偿自己的债务。同时，未成年子女的父母作为你们的监护人，对于子女欠下的债务有偿还的义务。因此，你父母应该替你偿还债务。你应该向妈妈承认错误，保证以后不出类似的事情，妈妈一定会原谅你，并替你偿还债务的。

养子要赡养生父母吗？

养子女与养父母之间一旦确立了收养关系，养子女与生父母之间的权利义务就因此而全部消除。这种收养关系是受国家法律保护的，所以养子女从被收养之日起，就同生父母不再有赡养扶助的义务了。当然，这是从法律的角度出发。从社会道德观念来讲，如果你的生父母确有生活困难，你予以适当的帮助，也是应该受到提倡和支持的，但这和赡养是两回事了。

父母离婚后，爸爸拒绝妈妈来看我对不对？

我国《婚姻法》规定，父母和子女间的关系，不因父母离婚而解除。离婚后，父母对于子女仍有抚养和教育的权利和义务。因此，虽然你和爸爸一起生活，但你和妈妈的关系并没有解除。而且子女归谁抚养，不等于归谁所有，你妈妈仍有抚养教育你的权利和义务。所以你妈妈仍然应该关心你的生活和成长，你妈妈来探望你是无可非议的。你爸爸不准你妈妈来探望你，割断母子来往，这种做法是错误的。你妈妈可以理直气壮地和你爸爸讲道理，使事情得到协商解决，也可以请法院、居委会、老师等有关部门、组织和个人帮助解决。

我一定要跟父姓吗？

我国《婚姻法》规定，子女可以随父姓，也可以随母性。在你父母的婚姻关系存续期间，你的姓由他们协商解决，由他们决定跟父姓还是跟母姓，这一般不会发生纠纷。但若你的父母离婚时，对你的姓氏发

生争执，根据有关法律，父母子女关系不因离婚而消除，离婚后，子女无论由父方或母方抚养，都仍是双方的子女。所以处理姓氏问题，应分两种情况：一是当你年幼时，由你父母双方通过协商达成协议，变更你原来的姓氏或坚持原来的不变；二是协商不成，等你长大后，能充分表达自己的意愿时，自行决定。随父姓或随母姓，这是国家赋予子女的一项重要的人身权利。

我能否和养父母解除收养关系？

养父母与养子女建立起收养关系后，法律就予以承认和保护，任何一方不能单独解除。同时我国法律还规定，养父母在养子女成年以前，

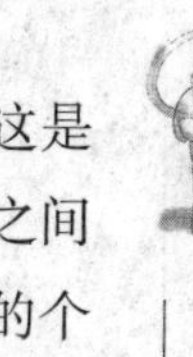

不得解除收养关系，只有当收养人和送养人双方协议解除的除外。这是从切实保护未成年人的利益出发的。因此，如果你认为你和养父母之间的关系确实已经恶化，不利于你今后的生活时，你可以向将你送养的个人和单位提出你的要求，希望重新选定监护人，由他们和你的养父母进行协商解除收养关系；不能达成协议的，可以向人民法院起诉，由法院作出决定。

爸爸要同我解除父子关系怎么办？

你是不是做错了什么事，惹得爸爸这么生气，你应该检讨一下自己的行为，诚恳地向爸爸道歉，做一个听话的好孩子。至于他要同你解除父子关系，这也许是一句气话，因为你的错误令他非常气愤和伤心，所以说出这种话来。当然，真的要解除父子关系，这是法律不允许的。父母对未成年的子女有教育的义务，你有什么过错他应该对你及时地进行批评教育，而所谓“解除父子关系”实际上就是放弃对子女的抚养义务，就是遗弃子女。这是一种犯罪的行为。相信你的父亲也不会这样做的。

父母离婚后，都想抚养我怎么办？

你父母虽然离婚了，但从他们都想抚养你的情况来看，他们都是爱你的，都希望你能跟自己生活更好一些。基于这种情况，我国法律规定，父母双方对10周岁以上的未成年子女随父或随母生活发生争执的，应考虑子女的意见，即你有权选择跟哪一方生活。如果你不愿意或者很难做出选择，也可以由你的父母协议轮流照顾你，这样可能更利于你的成长。你一定不要整天为这件事烦恼，应该鼓起勇气，正视自己的新生活，学会处理这些事务。

父母离婚后，都不想抚养我怎么办？

你的父母的这种行为是应该受到谴责的。作为父母，他们应该为你创造一个安静舒适的环境来促进你的成长，促使你成才。但他们不但没有做到这一点，还想推卸对你的抚养教育责任，太不应该了。我国法律规定，离婚后父母对于子女仍有抚养教育的义务，法院将会根据你的利益，尊重你的选择意见，强行指定抚养人。当然，如果你跟祖父母或外祖父母一起生活对你的成长更有利的话，你也可以和他们一起生活，但你的父母必须支付给你相应的抚养费用。

祖父要把我从养父处领回来怎么办？

我国《婚姻法》规定，国家保护合法的收养关系。你的养父通过法定的程序收养了你，则他和你就构成了法律上的父子关系。祖父除了

与你有血缘上的亲属关系外，法律上的权利和义务已经随着收养而消失了，即他无权把你从养父处领回。除非养父不关心你的生活，没有尽到抚养教育的义务，你祖父可以和养父协商解除你的收养关系，协商不成的，由人民法院作出判决。如果你和养父关系很融洽的话，你可以向祖父说明，并明确表明不愿意离开养父，相信你的祖父也不会为难你的。

周叔叔可以收养我吗?

我国《收养法》规定，收养人应同时具备以下条件：（1）收养人无子女；（2）收养人有抚养被收养人的能力；（3）收养人年满 35 周岁。只有收养孤儿或残疾儿童才不受以上限制。而被收养人则应该是：（1）丧失父母的孤儿；（2）查不到父母的弃婴或儿童；（3）生父母有特殊困难无力抚养的子女。如果你不满 14 周岁，并符合上述被收养人条件之一的，而周叔叔同时具备上述收养人的条件，那么在经过公证、登记等程序后，你们的收养关系即可成立。

我已超过规定的入学年龄，可爸爸不让我上学怎么办？

按受九年义务教育，是我国法律赋予每个孩子的权利。按照《教育法》和《义务教育法实施细则》的规定，一方面你可以向父亲表明自己想读书的心愿，动之以情；另一方面设法请邻居已上学的小朋友帮助和学校联系，由老师来劝说你父亲，晓之以理，使你能进学校学习。如果对于学校和政府的批评教育，你父亲置之不理，那么人民政府会根据具体情况处罚的，并采取其他强制性措施来保证你完成义务教育。

由于健康原因，无法按规定要求报到上学怎么办？

基于对未成年人健康保护的考虑，家长首先应积极治疗你的疾病，然后依照《义务教育法》及实施细则的规定，到县级以上教育主管部门指定的医院开具因健康原因无法入学的证明，凭证明向教育部门或乡级人民政府递交免学或辍学的申请，经批准，可以免学或辍学。如果辍学申请经批准后，可继续辍学。身体康复后，在新学年按时入学。对于免学的，家长也要尽可能为孩子创造受教育的机会。

我的户口与住址不一致，能到住所附近的学校读书吗？

你可以在住所附近的学校就学。但是根据《义务教育法实施细则》的规定，家长首先要到孩子户籍所在地的县级教育主管部门或乡级人民政府申请在居住地学校借读，完成义务教育；获得批准后，还需要按居住地人民政府的有关规定（一般向居住地的县级教育主管部门或学校）申请借读，并依就近原则到负责居住地义务教育的学校读书。要注意的一点是：你必须达到户籍地规定的入学年龄，才能申请借读。

附：

中华人民共和国未成年人保护法

（1991 年 9 月 4 日第七届全国人民代表大会
常务委员会第二十一次会议通过）

第一章　总则

第一条　为了保护未成年人的身心健康，保障未成年人的合法权益，促进未成年人在品德、智力、体质等方面全面发展，把他们培养成为有理想、有道德、有文化、有纪律的社会主义事业接班人，根据宪法，制定本法。

第二条　本法所称未成年人是指未满十八周岁的公民。

第三条　国家、社会、学校和家庭对未成年人进行理想教育、道德教育、文化教育、纪律和法制教育，进行爱国主义、集体主义和国际主义、共产主义的教育，提倡爱祖国、爱人民、爱劳动、爱科学、爱社会主义的公德，反对资本主义、封建主义的和其他的腐朽思想的侵蚀。

第四条　保护未成年人的工作，应当遵循下列原则：

（一）保障未成年人的合法权益；

（二）尊重未成年人的人格尊严；

（三）适应未成年人身心发展的特点；

（四）教育与保护相结合。

第五条　国家保障未成年人的人身、财产和其他合法权益不受侵犯。

保护未成年人，是国家机关、武装力量、政党、社会团体、企业事业组织、城乡基层群众性自治组织、未成年人的监护人和其他成年公民的共同责任。

对侵犯未成年人合法权益的行为，任何组织和个人都有权予以劝阻、制止或者向有关部门提出检举或者控告。

国家、社会、学校和家庭应当教育和帮助未成年人运用法律手段，维护自已的合法权益。

第六条 中央和地方各级国家机关应当在各自的职责范围内做好未成年人保护工作。国务院和省、自治区、直辖市的人民政府根据需要，采取组织措施，协调有关部门做好未成年人保护工作。

共产主义青年团、妇女联合会、工会、青年联合会、学生联合会、少年先锋队及其他有关的社会团体，协助各级人民政府做好未成年人保护工作，维护未成年人的合法权益。

第七条 各级人民政府和有关部门对保护未成年人有显著成绩的组织和个人，给予奖励。

第二章 家庭保护

第八条 父母或者其他监护人应当依法履行对未成年人的监护职责和抚养义务；不得虐待、遗弃未成年人；不得歧视女性未成年人或者有残疾的未成年人；禁止溺婴、弃婴。

第九条 父母或者其他监护人应当尊重未成年人接受教育的权利，必须使适龄未成年人按照规定接受义务教育，不得使在校接受义务教育的未成年人辍学。

第十条 父母或者其他监护人应当以健康的思想、品行和适当的方法教育未成年人，引导未成年人进行有益身心健康的活动，预防和制止未成年人吸烟、酗酒、流浪以及聚赌、吸毒、卖淫。

第十一条 父母或者其他监护人不得允许或者迫使未成年人结婚，不得为未成年人订立婚约。

第十二条 父母或者其他监护人不履行监护职责或者侵害被监护的未成年人的合法权益的，应当依法承担责任。

父母或者其他监护人有前款所列行为，经教育不改的，人民法院可以根据有关人员或者有关单位的申请，撤销其监护人的资格；依照民法通则第十六条的规定，另行确定监护人。

第三章　学校保护

第十三条　学校应当全面贯彻国家的教育方针，对未成年学生进行德育、智育、体育、美育、劳动教育以及社会生活指导和青春期教育。

学校应当关心、爱护学生；对品行有缺点、学习有困难的学生，应当耐心教育、帮助，不得歧视。

第十四条　学校应当尊重未成年学生的受教育权，不得随意开除未成年学生。

第十五条　学校、幼儿园的教职员应当尊重未成年人的人格尊严，不得对未成年学生和儿童实施体罚、变相体罚或者其他侮辱人格尊严的行为。

第十六条　学校不得使未成年学生在危及人身安全、健康的校舍和其他教育教学设施中活动。

任何组织和个人不得扰乱教学秩序，不得侵占、破坏学校的场地、房屋和设备。

第十七条　学校和幼儿园安排未成年学生和儿童参加集会、文化娱乐、社会实践等集体活动，应当有利于未成年人的健康成长，防止发生人身安全事故。

第十八条　按照国家有关规定送工读学校接受义务教育的未成年人，工读学校应当对其进行思想教育、文化教育、劳动技术教育和职业教育。

工读学校的教职员应当关心、爱护、尊重学生，不得歧视、厌弃。

第十九条　幼儿园应当做好保育、教育工作，促进幼儿在体质、智力、品德等方面和谐发展。

第四章　社会保护

第二十条　国家鼓励社会团体、企业事业组织和其他组织及公民，开展多种形式的有利于未成年人健康成长的社会活动。

第二十一条　各级人民政府应当创造条件，建立和改善适合未成年人文化生活需要的活动场所和设施。

第二十二条 博物馆、纪念馆、科技馆、文化馆、影剧院、体育场(馆)、动物园、公园等场所，应当对中小学生优惠开放。

第二十三条 营业性舞厅等不适宜未成年人活动的场所，有关部门和经营者应当采取措施，不得允许未成年人进入。

第二十四条 国家鼓励新闻、出版、广播、电影、电视、文艺等单位和作家、科学家、艺术家及其他公民，创作或者提供有益于未成年人健康成长的作品。出版专门以未成年人为对象的图书、报刊、音像制品等出版物，国家给予扶持。

第二十五条 严禁任何组织和个人向未年人出售、出租或者以其他方式传播淫秽、暴力、凶杀、恐怖等毒害未成年人的图书、报刊、音像制品。

第二十六条 儿童食品、玩具、用具和游乐设施，不得有害于儿童的安全和健康。

第二十七条 任何人不得在中小学、幼儿园、托儿所的教室、寝室、活动室和其他未成年人集中活动的室内吸烟。

第二十八条 任何组织和个人不得招用未满十六岁的未成年人，国家另有规定的除外。

任何组织和个人依照国家有关规定招收已满十六周岁未满十八周岁的未成年人的，应当在工种、劳动时间、劳动强度和保护措施等方面执行国家有关规定，不得安排其从事过重、有毒、有害的劳动或者危险作业。

第二十九条 对流浪乞讨或者离家出走的未成年人，民政部门或者其他有关部门应当负责交送其父母或者其他监护人；暂时无法查明其父母或者其他监护人的，由民政部门设立的儿童福利机构收容抚养。

第三十条 任何组织和个人不得披露未成年人的个人隐私。

第三十一条 对未成年人的信件，任何组织和个人不得隐匿、毁弃；除因追查犯罪的需要由公安机关或者人民检察院依照法律规定的程序进行检查，或者对无行为能力的未成年人的信件由其父母或者其他监护人代为开拆外，任何组织或者个人不得开拆。

第三十二条 卫生部门和学校应当为未成年人提供必要的卫生保健条件，做好预防疾病工作。

第三十三条 地方各级人民政府应当积极发展托幼事业，努力办好托

儿所、幼儿园，鼓励和支持国家机关、社会团体、企业事业组织和其他社会力量兴办哺乳室、托儿所、幼儿园，提倡和支持举办家庭托儿所。

第三十四条 卫生部门应当对儿童实行预防接种证制度，积极防治儿童常见病、多发病，加强对传染病防治工作的监督管理和对托儿所、幼儿园卫生保健的业务指导。

第三十五条 各级人民政府和关部门应当采取多种形式，培养和训练幼儿园、托儿所的保教人员，加强对他们的政治思想和业务教育。

第三十六条 国家依法保护未成年人的智力成果和荣誉权不受侵犯。对有特殊天赋或者有突出成就的未成年人，国家、社会、家庭和学校应当为他们的健康发展创造有利条件。

第三十七条 未成年人已经受完规定年限的义务教育不再升学的，政府有关部门和社会团体、企业事业组织应当根据实际情况，对他们进行职业技术培训，为他们创造劳动就业条件。

第五章 司法保护

第三十八条 对违法犯罪的未成年人，实行教育、感化、挽救的方针，坚持教育为主、惩罚为辅的原则。

第三十九条 已满十四周岁的未成年人犯罪，因不满十六周岁不予刑事处罚的，责令其家长或者其他监护人加以管教；必要时，也可以由政府收容教养。

第四十条 公安机关、人民检察院、人民法院办理未成年人犯罪的案件，应当照顾未成年人的身心特点，并可以根据需要设立专门机构或者指定专人办理。

公安机关、人民检察院、人民法院和少年犯管教所，应当尊重违法犯罪的未成年人的人格尊严，保障他们的合法权益。

第四十一条 公安机关、人民检察院、人民法院对审前羁押的未成年人，应当与羁押的成年人分别看管。

对经人民法院判决服刑的未成年人，应当与服刑的成年人分别关押、管理。

第四十二条 十四周岁以上不满十六周岁的未成年人犯罪的案件，一律不公开审理。十六周岁以上不满十八周岁的未成年人犯罪的案件，一般也不公开审理。

对未成年人犯罪案件，在判决前，新闻报道、影视节目、公开出版物不得披露该未成年人的姓名、住所、照片及可能推断出该未成年人的资料。

第四十三条 家庭和学校及其他有关单位,应当配合违法犯罪未成年人所在的少年犯管教所等单位,共同做好违法犯罪未成年人的教育挽救工作。

第四十四条 人民检察院免予起诉，人民法院免除刑事处罚或者宣告缓刑以及被解除收容教养或者服刑期满释放的未成年人，复学、升学、就业不受歧视。

第四十五条 人民法院审理继承案件，应当依法保护未成年人的继承权。

人民法院审理离婚案件，离婚双方因抚养未成年子女发生争执，不能达成协议时，应当根据保障子女权益的原则和双方具体情况判决。

第六章 法律责任

第四十六条 未成年人的合法权益受到侵害的，被侵害人或者其监护人有权要求有关主管部门处理，或者依法向人民法院提起诉讼。

第四十七条 侵害未成年人的合法权益，对其造成财产损失或者其他损失、损害的，应当依法赔偿或者承担其他民事责任。

第四十八条 学校、幼儿园、托儿所的教职员对未成年学生和儿童实施体罚或者变相体罚，情节严重的，由其所在单位或者上级机关给予行政处分。

第四十九条 企业事业组织、个体工商户非法招用未满十六周岁的未成年人的，由劳动部门责令改正，处以罚款；情节严重的，由工商行政管理部门吊销营业执照。

第五十条 营业性舞厅等不适宜未成年人活动的场所允许未成年人进入的，由有关主管部门现令改正，可以处以罚款。

第五十一条 向未成年人出售、出租或者以其他方式传播淫秽的图

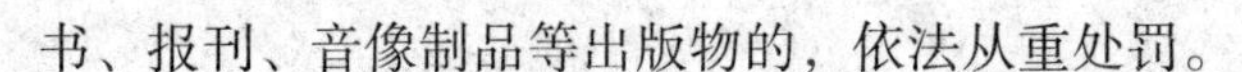

书、报刊、音像制品等出版物的，依法从重处罚。

第五十二条　侵犯未成年人的人身权利或者其他合法权利，构成犯罪的，依法追究刑事责任。

虐待未成年的家庭成员，情节恶劣的，依照刑法第一百八十二条的规定追究刑事责任。

司法工作人员违反监管法规，对被监管的未成年人实行体罚虐待的，依照刑法第一百八十九条的规定追究刑事责任。

对未成年人负有抚养义务而拒绝抚养，情节恶劣的，依照刑法第一百八十三条的规定追究刑事责任。

溺婴的，依照刑法第一百三十二条的规定追究刑事责任。

明知校舍有倒塌的危险而不采取措施，致使校舍倒塌，造成伤亡的，依照刑法第一百八十六条的规定追究刑事责任。

第五十三条　教唆未成年人违法犯罪的，依法从重处罚。

引诱、教唆或者强迫未成年人吸食、注射毒品或者卖淫的，依法从重处罚。

第五十四条　当事人对依照本法作出的行政处罚决定不服的，可以先向上一级行政机关或者有关法律、法规规定的行政机关申请复议，对复议决定不服的，再向人民法院提起诉讼；也可以直接向人民法院提起诉讼。有关法律、法规规定应当先向行政机关申请复议，对复议决定不服再向人民法院提起诉讼的，依照有关法律、法规的规定办理。

当事人对行政处罚决定在法定期限内不申请复议，也不向人民法院提起诉讼，又不履行的，作出处罚决定的机关可以申请人民法院强制执行，或者依法强制执行。

第七章　附则

第五十五条　国务院有关部门可以根据本法制定有关条例，报国务院批准施行。省、自治区、直辖市的人民代表大会常务委员会可以根据本法制定实施办法。

第五十六条　本法自1992年1月1日起施行。

吉林省实施《中华人民共和国未成年人保护法》办法

（1994年11月26日吉林省第八届人民代表大会常务委员会第十三次会议通过1995年1月1日起施行）

第一章 总则

第一条 为了保护未成年人的身心健康，保障未成年人的合法权益，根据《中华人民共和国未成年人保护法》和有关法律、法规的规定，结合我省实际，制定本办法。

第二条 本办法所称未成年人是指未满十八周岁的公民。

第三条 保护未成年人，是国家机关、政党、社会团体、武装力量、学校、企业事业单位、城乡基层群众性自治组织、未成年人的监护人和其他成年公民的共同责任。

对未成年人应当进行理想、道德、文化、纪律和法制教育。

第四条 未成年人应自学、自理、自护、自强、自律，积极接受家庭、学校、社会和成年公民的有益教育，正确行使权利和履行义务，维护自己的合法权益。

第五条 未成年人的人身、财产和其他合法权益不受侵犯。

对侵犯未成年人合法权益的行为，任何组织和个人都有权予以劝阻、制止或者向有关部门提出检举、控告。

对侵犯未成年人合法权益行为的检举、控告，有关部门应当及时处理，不得推诿。

第二章 未成年人保护委员会

第六条 省、市（州）、县（市、区）设立未成年人保护委员会，在同级人民政府的领导下，开展未成年人保护工作。

第七条 未成年人保护委员会成员由人民政府有关部门、人民法院、人民检察院、共青团、妇联、工会等单位的负责人组成。

委员会的主任委员由该级人民政府的负责人担任。

委员会的办事机构设在本级共青团委员会，负责日常工作。

第八条 未成年人保护委员会的职责：

（一）宣传、贯彻有关保护未成年人的法律、法规和政策；

（二）监督、检查本办法的施行；

（三）研究、决定有关未成年人保护工作中的重大事项；

（四）协调、指导有关部门共同做好未成年人保护和教育工作；

（五）对侵犯未成年人合法权益的行为责成或者建议有关部门查处。

第九条 各级人民政府应当为未成年人保护委员会提供必要的工作条件，委员会所必需的经费由各级人民政府列入财政预算。

第十条 各级未成年人保护委员会可以设立未成年人保护基金，用于未成年人保护事业。

未成年人保护基金的筹措、管理及使用办法由省人民政府制定。

第三章 家庭保护

第十一条 父母或者其他监护人对未成年人应当依法履行监护职责，保障未成年人的人身、财产和其他合法权益。

对侵犯未成年人合法权益的行为，父母或者其他监护人必须予以制止，并及时向有关部门检举或者控告。

第十二条 父母或者其他监护人应当保障未成年人接受教育的权利，使适龄未成年人按照规定接受义务教育，不得使其辍学。对旷课、逃学、辍学的未成年人，父母或者其他监护人应主动配合学校共同教育，使其尽快返校就读，不得放任不管。

第十三条 父母或者其他监护人应当以健康的思想、品行和适当的方法教育未成年人，引导未成年人进行有益身心健康的活动，预防和制止未成年人出现下列不良或者违法行为：

（一）吸烟、酗酒、流浪；

（二）早恋；

（三）赌博、吸食或者注射毒品、卖淫、嫖娼；

（四）打架斗殴、携带管制刀具或者枪支；

（五）毁损公共设施和公私财物；

（六）妨害公共秩序、公共卫生；

（七）阅读、观看、收听具有淫秽、封建迷信、凶杀、暴力等内容的书刊杂志、音像制品。

第十四条 禁止父母或者其他监护人对未成年子女或者被监护人实行下列行为：

（一）歧视、虐待、遗弃；

（二）溺婴、弃婴；

（三）允许或者迫使订婚、结婚；

（四）教唆、纵容、包庇违法和犯罪。

第十五条 对未成年的继子女、养子女、非婚生子女、父母离婚的子女，父母都必须依法履行抚养、教育、监护的义务，不得歧视、虐待或者遗弃。

第十六条 父母或者其他监护人不得因未成年人有违法犯罪行为而拒绝履行监护职责。

对有违法犯罪行为的未成年人，父母或者其他监护人应主动配合所在地的街道办事处、派出所、居（村）民委员会和学校进行帮助、教育。对按规定送工读学校接受义务教育的未成年学生，父母或者其他监护人应积极配合、支持教育等部门的工作，承担工读生的生活费用。

第四章　学校保护

第十七条 学校应当全面贯彻国家的教育方针，对未成年学生进行德育、智育、体育以及社会生活指导和心理健康、青春期教育。

学校和教职员要爱护学生，尊重学生的人格，关心学生的身心健

康，严格执行国家和省教育行政部门规定的课程和活动总量，保证学生有休息和课外活动时间，不得随意增加学生的课时和课业负担。

教育行政部门应当严格执行国家的规定，选用确因教育、教学需要的辅助读物，不得强令学校和学生订购各种名目的学习参考资料。

第十八条 学校、幼儿园应加强管理，保证正常的教学、保教秩序。

第十九条 严禁学校、教职员违反国家和省制定的有关规定向学生收费、摊派或者索取财物及以罚款手段惩处学生。

第二十条 学校应对校舍和其他教育、教学设施进行安全检查，发现有危及人身安全和健康的，应当及时维修、改建或者重建。

学校不得让未成年学生在危及人身安全、健康的校舍和其他教育、教学设施中活动。

第二十一条 学校应尊重未成年人的受教育权，不得拒收应在本学区内接受义务教育的未成年人，不得让尚未受完义务教育的学生停学或者退学。

实施义务教育的学校，开除学生须经县级以上教育行政部门批准。对品学较差的学生，应当耐心教育、帮助，不得歧视。

居住分散的边远地区、牧区、少数民族地区应当采取有效措施，保证适龄未成年人入学，并使其接受完全义务教育。

第二十二条 学校应树立尊师爱生的风气，教职员应以身作则，为人师表，以自身的良好品行教育和影响学生。

学校、幼儿园的教职员应当做好教育、保教工作，尊重未成年人的人格尊严，促进未成年学生和幼儿在体质、智力、品德等方面和谐发展，不得对未成年学生和幼儿实施体罚、变相体罚或者其他侮辱人格尊严的行为。

第二十三条 对按规定送工读学校接受义务教育的未成年人，学校和社会应关心爱护，对其进行思想教育、文化教育、法制教育、劳动技能教育和职业技术教育。

对工读学校毕业的学生在参军、就业、升学等方面不得歧视。

第二十四条 学校应建立家访或者家长代表制度，密切与家长的联系，发现学生有旷课、逃学或者其他不良行为的，应及时会同家长帮助、教育学生改正。

第二十五条 学校和幼儿园安排未成年学生和儿童参加集会、文化娱乐、公益劳动、社会实践等集体活动，应当有利于未成年人的身心健康，防止发生人身安全事故。

第五章 社会保护

第二十六条 各级人民政府对未成年人的保护工作，应当全面规划，组织实施。

青少年宫等未成年人教育、活动场所和设施的建设，应当列入本级财政预算，保证必要的建设资金。

对企业事业单位、社会团体及其他社会组织和个人提供或者兴建未成年人教育、活动场所、设施的，各级人民政府应当提供方便条件，给予优惠照顾。

任何单位和个人不得挤占、毁坏供未成年人活动的场所、设施。

第二十七条 各级人民政府和企业事业单位应当支持和鼓励有关社会团体和居（村）民委员会等群众性自治组织开展多种形式的有利于未成年人健康成长的社会活动，并为其活动提供必要条件。

各级人民政府应当鼓励社会各界和个人支持旨在救助失学儿童的“希望工程”和其他助学活动。

第二十八条 各级人民政府应当积极发展托幼事业，支持和鼓励多渠道兴办哺乳室、托儿所、幼儿园，兴办的哺乳室、托儿所、幼儿园必须符合国家规定的标准。

各级人民政府和有关部门应当采取多种形式，培养和训练幼儿园、托儿所的保教人员，加强对他们的政治思想和业务教育。

第二十九条 卫生部门应当为未成年人提供必要的卫生保健条件，定期为在校中小学生和幼儿进行体格检查，做好疾病预防工作、传染病防治的监督管理工作和托儿所、幼儿园、小学卫生保健的业务指导工

作。认真实行儿童预防接种制度，积极防治儿童常见病、多发病。

第三十条 禁止在中小学校和幼儿园、托儿所门前及其两侧随意停放机动车辆、摆摊出售食品和其他物品。

第三十一条 禁止在学校、幼儿园、托儿所附近排放有毒、有害的废水、废气、废渣或者噪声。

第三十二条 禁止任何组织和个人侵占和破坏校园、校舍及附属设施。

第三十三条 任何组织和个人不得侵犯未成年人依法享有的继承、接受赠予或者以其他合法方式获得财产的权利；不得侵犯未成年人在科技、文学艺术等方面的发现权、发明权、专利权和著作权；不得侵犯未成年人的肖像权、姓名权和荣誉权。

第三十四条 禁止任何组织和个人非法剥夺未成年人的人身自由、搜查未成年人的身体以及非法开拆未成年人的信件。

第三十五条 依法保障少数民族未成年人有学习和使用本民族语言、文字的自由。

第三十六条 各级人民政府应当支持和鼓励新闻、出版、广播、电影、电视、文艺等单位和作家、科学家、艺术家及其他公民创作或者提供有益于未成年人健康成长的作品。任何组织和个人不得出版、发行、销售、出租、出借、播放具有淫秽、色情、暴力、凶杀、恐怖、封建迷信等毒害未成年人身心健康内容的报刊、图书和音像制品。

第三十七条 纪念馆、博物馆、科技馆、文化馆、展览馆等馆所以及公园等娱乐场所，在传统节日接待未成年学生和儿童参观、娱乐以及平时接待未成年学生和儿童集体参观、娱乐时，应实行免费或者半价服务；影剧院、体育场（馆）寒暑假应安排未成年人专场，实行免费或者半价服务；图书馆应为未成年人阅读提供方便。

第三十八条 各级人民政府应当加强对文化娱乐场所的管理。

影剧院、录像厅放映或者演出未成年人不宜观看的电影、戏剧和录像，必须设置明显的禁入标志，禁止未成年人入内。

营业性的电子游艺厅、台球室、舞厅、酒吧、夜总会及其他不宜未成年人进入的场所，必须设置明显的禁入标志，禁止未成年人入内。

第三十九条 任何单位和个人不得招用未满16周岁的未成年人，国家另有规定的除外。

凡招用已满16周岁未满18周岁未成年人的，必须经过政府有关部门确认的职业介绍机构办理合法手续，但不得安排其从事过重、有毒、有害的劳动或者危险的作业。

第四十条 任何单位和个人生产儿童食品、药品、玩具和用具等产品，必须符合国家、行业的标准，不得生产、销售危害未成年人健康和安全的食品、药品、玩具和用具等产品。

第四十一条 各级人民政府应重视盲、聋、哑、弱智及其他残疾未成年人的特殊保护，并为其接受教育和治疗康复创造条件。

任何组织和个人不得歧视、侮辱、虐待、遗弃有生理缺陷或者有心理、精神障碍和弱智的未成年人。

第四十二条 民政部门或者其他有关部门应当做好离家出走、无家可归和流浪乞讨未成年人的收容或者遣送工作；暂时无法查明父母或者其他监护人的，由民政部门设立的儿童福利机构收容抚养。

第四十三条 刑满释放、解除劳动教养或者收容教养以及被人民检察院免于起诉、人民法院免予刑事处罚或者判处管制、缓刑的未成年人，在复学、升学、就业等方面与其他未成年人享有同等的权利，任何组织和个人不得歧视或者阻挠。

家庭、学校及其他有关单位应当配合工读学校、少年管教所等单位，共同做好对违法犯罪未成年人的教育挽救工作。

第四十四条 对已经完成规定年限义务教育不再升学的未成年人，各级人民政府和社会团体、企业事业组织应当根据实际情况，采取多种形式，进行职业技术培训，为其就业创造条件。

第四十五条 严禁教唆、诱骗、胁迫未成年人进行赌博、封建迷信、吸食或者注射毒品、卖淫、嫖娼等违法犯罪活动或者有害身心健康的演出活动。

第四十六条 任何组织和个人不得向未成年人贩卖、提供管制刀具、枪支。

第六章　司法保护

第四十七条　对违法犯罪的未成年人，实行教育、感化、挽救的方针，坚持教育为主、惩罚为辅的原则，进行有效的矫治，防止其重新犯罪。

第四十八条　公安机关、人民检察院应当设立专门机构或者指定专人办理未成年人犯罪案件；人民法院应当设立少年法庭或者少年合议庭等专门审理涉及未成年人案件的机构，有条件的律师事务所应当指定专人承担未成年人的辩护或者代理工作。

办理未成年人犯罪的案件，应当采取适合未成年人特点的方式进行讯问、审理。

人民法院可以从当地聘请教育工作者和共青团、妇联、工会等社会团体工作人员担任特邀陪审员。

被告人是未成年人而没有委托辩护人的，人民法院应当为其指定辩护人。

第四十九条　十四周岁以上不满十六周岁的未成年人犯罪的案件，一律不公开审理；十六周岁以上不满十八周岁的未成年人犯罪的案件，一般也不公开审理。审理时，人民法院应当通知其法定监护人到庭，也可通知对教育、挽救未成年人有关的人员参加。

已满十四周岁的未成年人犯罪，因不满十六周岁不予刑事处罚的，责令其家长或者其他监护人负责管教；必要时，也可由政府收容教养。

第五十条　对未成年人犯罪案件，在判决前，新闻报道、影视节目、公开出版物不得披露未成年人的姓名、住所、照片及可能推断出该未成年人的资料。

第五十一条　对审前羁押的未成年人，应当与羁押的成年人分别看管，对经人民法院判决服刑的未成年人，应当与服刑的成年人分押分管。

第五十二条　公安机关、人民检察院和劳动教养、少年管教场所应当依法保护违法犯罪的未成年人的合法权益，尊重他们的人格，严禁辱骂和体罚。

劳动教养所和少年管教所应当组织违法犯罪的未成年人参加文化技术学习，安排他们从事适当的劳动。

第五十三条 公安、司法机关对没有确凿违法犯罪证据或者事实的未成年人，不得予以逮捕、刑事拘留、治安处罚。

对未成年人采取强制措施或者给予行政处罚的，必须出具或者送达相应的法律文书。

第五十四条 人民法院审理继承、抚养、离婚案件，应当保障未成年人的合法权益。

第七章 奖励与处罚

第五十五条 有下列情形之一的组织和个人，由各级人民政府、未成年人保护委员会给予表彰、奖励或者授予荣誉称号：

（一）致力于未成年人保护工作成效显著的；

（二）创作有利于未成年人健康成长优秀作品的；

（三）教育、挽救违法犯罪未成年人成绩显著的；

（四）与侵犯未成年人合法权益行为做斗争表现突出的；

（五）援救处于危险境地的未成年人表现突出的；

（六）捐赠、赞助未成年人保护事业贡献较大的；

（七）培训和安置刑满释放、解除劳动教养的未成年人就学、就业成绩显著的；

（八）培训和安置盲、聋、哑、弱智及其他残疾未成年人就学、就业成绩显著的。

第五十六条 违反本办法第五条第三款规定的，由其所在单位或者上级主管机关对直接责任人员给予行政处分；构成犯罪的，依法追究刑事责任。

第五十七条 违反本办法第十二条规定的，由教育行政部门依照《吉林省义务教育条例》的有关规定处罚。

第五十八条 违反本办法第十三条规定，对未成年子女的不良或者

违法行为不教育、不制止的，由所在单位、街道办事处、居（村）民委员会给予批评教育或者行政处分；因其未成年子女的行为给国家、集体财产或者公民的身体、财产造成损害的，依法承担民事赔偿责任。

第五十九条 违反本办法第十四条（三）项规定，允许或者迫使未成年人结婚的，依照《吉林省计划生育条例》的有关规定处罚。

第六十条 违反本办法第十四条（一）、（二）、（四）项和第十五条规定，情节较轻的，由所在单位、街道办事处、居（村）民委员会给予批评教育或者行政处分；情节较重的，由公安机关依照《中华人民共和国治安管理处罚条例》的有关规定处罚；构成犯罪的，依法追究刑事责任。

第六十一条 违反本办法第十一条、第十六条规定，不履行监护职责或者侵害被监护的未成年人合法权益，经教育不改的，人民法院可以根据未成年人本人或者有关组织和公民的申请，撤消其监护人的资格，依照民法通则的有关规定另行确定监护人。

第六十二条 违反本办法第十九条规定的，由教育行政部门责令改正，并给予直接责任人员批评教育或者行政处分。

第六十三条 违反本办法第二十条第二款规定的，由教育行政部门对主要负责人和直接责任人员给予批评教育或者行政处分；造成伤亡的，依照刑法第一百八十七条的规定追究刑事责任。

第六十四条 违反本办法第二十一条规定的，由教育行政部门责令改正，并给予直接责任人员批评教育或者行政处分。

第六十五条 违反本办法第二十二条第二款规定的，由所在单位或者上级主管部门给予批评教育，情节严重的给予行政处分。构成犯罪的，依法追究刑事责任。

第六十六条 违反本办法第三十条规定的，由交通管理部门或者工商行政管理部门负责清理整顿，经教育拒不改正的，由交通管理部门吊扣或者吊销驾驶执照，由工商行政管理部门责令停止销售或者吊销营业执照，单处或者并处二百元以下罚款。

第六十七条 违反本办法第三十一条规定的，由环境保护行政部门依照《吉林省环境保护条例》有关规定处罚。

第六十八条 违反本办法第三十二条规定的，学校有权制止，并依法要求返还或者赔偿损失；情节严重的，由公安机关依照《中华人民共和国治安管理处罚条例》的有关规定处罚；构成犯罪的，依法追究刑事责任。

第六十九条 违反本办法第三十三条规定，侵犯未成年人依法享有的继承、接受赠予或者以其他合法方式获得财产的，受害人和监护人有权要求侵害人停止侵权行为，并返还应合法获得的财产，也可以向人民法院提起民事诉讼；对侵犯未成年人的发现权、发明权、专利权、著作权的，由有关部门依照《中华人民共和国著作权法实施条例》、《中华人民共和国专利法》等法律、法规的有关规定处罚；对侵犯未成年人肖像权、姓名权和荣誉权的，依照民法通则的有关规定处罚。

第七十条 违反本办法第三十四条规定，尚未构成犯罪的，由公安机关依照《中华人民共和国治安管理处罚条例》的有关规定处罚；构成犯罪的，依法追究刑事责任。

第七十一条 违反本办法第三十六条规定的，由文化、广播电视、新闻出版、工商行政、公安等部门没收非法所得和实物，按有关规定责令停业整顿，情节严重的吊销营业执照和许可证或者处十五日以下行政拘留、单处或者并处二千元以上三千元以下罚款；或者劳动教养；构成犯罪的，依法追究刑事责任。

第七十二条 违反本办法第三十八条第二款规定的，由文化、工商行政管理部门责令停业整顿或者吊销营业执照和许可证，可单处或者并处一千元以上三千元以下罚款。

违反本办法第三十八条第三款规定的，由文化、工商行政管理部门没收非法所得，责令限期改正、停业整顿或者吊销营业执照，可单处或者并处三千元以上五千元以下罚款。

第七十三条 违反本办法第三十九条规定的，由劳动行政部门责令改正，每招用一名，处以二千元以上五千元以下罚款；处罚后仍不改正的，由工商行政管理部门吊销其营业执照；造成身体损害的，招用单位和个人应负责治疗并依法给予赔偿；构成犯罪的，依法追究刑事责任。

第七十四条 违反本办法第四十条规定的，由产品质量监督部门或

者工商行政管理部门责令停止生产、销售，没收违法生产、销售的产品和违法所得，并处违法所得一倍以上五倍以下的罚款，可以吊销营业执照；构成犯罪的，依法追究刑事责任。

第七十五条 违反本办法第四十一条第二款规定的，由所在单位、街道办事处、村（居）民委员会给予直接责任人员批评教育；情节严重的，由公安机关依照《中华人民共和国治安管理处罚条例》的有关规定处罚；构成犯罪的，依法追究刑事责任。

第七十六条 违反本办法第四十六条规定的，由公安机关依照《中华人民共和国治安管理处罚条例》的有关规定处罚；构成犯罪的，依法追究刑事责任。

第七十七条 违反本办法第五十二条第一款规定的，由所在单位或者上级主管机关给予批评教育或者行政处分；情节严重，尚不够刑事处罚的，由公安机关依照《中华人民共和国治安管理处罚条例》的有关规定处罚；构成犯罪的，依法追究刑事责任。

第七十八条 违反本办法第五十三条第一款规定的，由所在机关或者上级主管机关予以纠正，并对直接责任人员给予批评教育或者行政处分；造成精神、身体损害的，由赔偿义务机关负责赔偿。

第七十九条 当事人对依照本办法作出的行政处罚决定不服的，可以先向上一级行政机关或者有关法律、法规规定的行政机关申请复议，对复议决定不服的，再向人民法院提起诉讼；也可以直接向人民法院提起诉讼。有关法律、法规规定应当先向行政机关申请复议，对复议决定不服再向人民法院提起诉讼的，依照有关法律、法规的规定办理。

当事人对行政处罚决定在法定期限内不申请复议，也不向人民法院提起诉讼，又不履行的，作出处罚决定的机关可以申请人民法院强制执行，或者依法强制执行。

第八章　附则

第八十条 本办法自1995年1月1日起施行。

未成年人保护法知识自测题

1、下列哪个场所是允许未成年人进入的（　）

A、营业性舞厅

B、歌厅

C、互联网上网服务营业场

D、游乐场

2、对难以判明是否已成年的人，法律、法规规定禁止未成年人进入的场所的工作人员应（　）

A、阻止其进入

B、让其出示有效身份证明

C、允许其进入

D、酌情考虑是否让其进入

3、下列哪个机构或个人可以披露未成年人的个人隐私（　）

A、父母

B、学校

C、市教育局

D、没有任何机构或个人可以

4、对待未成年人的信件，下列哪种做法是错误的（　）

A、因工作需要由司法机关依照法定程序进行检查

B、对无民事行为能力未成年人的信件由其父母或其他监护人开拆

C、在未成年人同意下开拆

D、班主任为了监督学生的交友情况而开拆

5、卫生部门应当对儿童实行（　），积极防治儿童常见病、多发病。

A、预防接种制度

B、健康保险制度

C、免费防治

D、全程监督

6、人民政府的教育、民政、劳动与社会保障等部门以及（　）应根据残疾未成年人的情况进行定向培训。

A、残疾人联合会

B、学校

C、慈善机构

D、未成年人保护委员会

7、生产销售儿童食品、玩具、用具等产品应当标明有适应年龄范围或者（　）等警示标志或者中文警示说明。

A、注意事项

B、使用说明

C、过质期

D、专利号

8、儿童食品、玩具、用品、游乐设施以及公共设施，不得有害于未成年人的人身安全和（　）。

A、隐私

B、宗教信仰

C、病残

D、身心健康

9、任何单位和个人未经未成年人的（　）同意，不得在互联网上收集、使用、公布未成年的个人信息。

A、父母

B、祖父母

C、兄姐

D、监护人

10、任何组织和个人不得歧视、侮辱、虐待和（　）残疾未成年人。

A、诽谤

B、殴打

C、辱骂

D、遗弃

11、某歌厅是一家营业性歌厅，每晚都有一群十六七岁的少年穿梭于歌厅之内。此情况经行政执法机关查核属实，则可能根据下列哪些法律条文对此歌厅予以处罚。（　）

1）《预防未成年人犯罪法》；2）《娱乐市场管理条例》；3）《治安管理处罚条例》；4）《民事诉讼法》。

A、2）3）

B、1）3）

C、2）4）

D、1）2）

12、各级人民政府支持和鼓励创作人员创作有益于未成年人健康成长的（　）

A、艺术作品

B、科学创造

C、软件游戏

D、艺术、科学、技术、文学等作品

13、任何部门或单位不得出版、发行、复制或者以出售、出租等形式传播淫秽、（　）等有害于未成年人身心健康的视、听、读物。

A、暴力

B、邪教、迷信

C、赌博

D、以上全有

14、电影、电视节目不得含有（　）有害于未成年人的内容。

A、表达

B、宣扬

C、宣传

D、传播

15、含有淫秽等内容的电影、电视节目有害于未成年人的（　）。

A、身心健康

B、身体健康

C、心理健康

D、身体素质

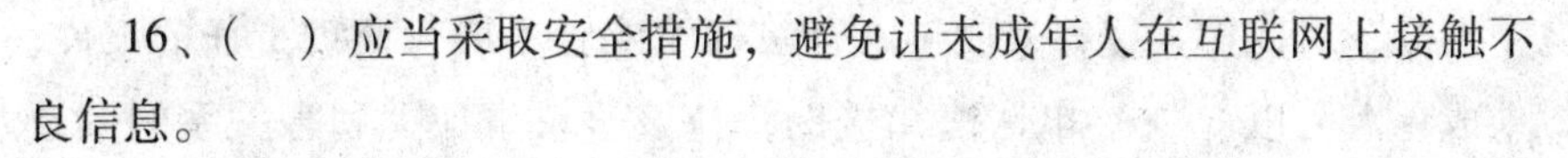

16、( ) 应当采取安全措施，避免让未成年人在互联网上接触不良信息。

A、学校

B、图书馆

C、家庭

D、全都包括

17、下列除哪项外，其余各项中各场所都应对未成年人优惠。( )

A、博物馆、纪念馆

B、科技馆、美术馆

C、商场、超市

D、体育场、影剧院

18、任何单位和个人未经未成年人的监护人同意，不得在互联网上收集、使用、公布未成年人的（ ）

A、家庭情况

B、个人信息

C、个人成绩

D、个人隐私

19、下面的年龄中，那个符合未成年人保护法所称的未成年人( )

A、17 周岁

B、18 周岁

C、19 周岁

D、20 周岁

20、( ) 以及未成年犯管教所、劳动教养机关应当依法保护违法犯罪未成年人的合法权益，尊重他们的人格。严禁辱骂、体罚。

A、公安机关、司法机关、审判机关

B、公安机关、检察机关、审判机关

C、立法机关、检察机关、审判机关

D、公安机关、检察机关、立法机关

21、对监护人侵害未成年人合法权益或者不履行监护责任的案件，未成年人可以（ ）申请法律援助；与该争议事项无利害关系的其他（ ）也可以代为申请法律援助。

A、直接，法定代理人

B、直接，法人代表

C、间接，法定代理人

D、间接，法人代表

22、对被害人为未成年人的性侵犯案件，公安机关、检察机关、审判机关在侦查、审查起诉、审判时，应采取措施保护未成年人的（ ）。

A、名誉权扣知情权

B、隐私权和名誉权

C、隐私权和知情权

D、隐私权和安全权

23、剥夺未成年人接受义务教育权利的，由教育行政部门给予批评教育，责令改正，并可以处（ ）元以上（ ）元以下的罚款。

A、200，4500

B、200，5000

C、300，5000

D、300，4500

24、对未成年人实施体罚或者（ ）等言行的，视情节严重，由其所在单位或者上级机关给予批评教育、行政处分或者解聘。

A、侮辱、诽谤、歧视、恐吓、贬损

B、侮辱、诽谤、歧视、攻击、贬损

C、谩骂、诽谤、歧视、恐吓、贬损

D、侮辱、诽谤、歧视、威慑、贬损

25、学校、教师违反国家有关规定向学生收取费用和以体罚手段惩处违反校规的学生的，由教育行政部门责令退还所收费用；对（ ）

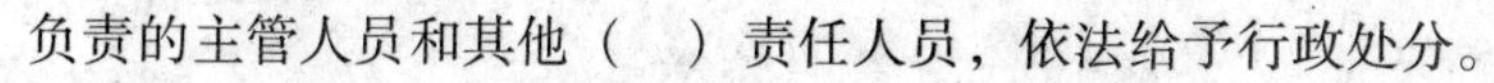
负责的主管人员和其他（　）责任人员，依法给予行政处分。

A、直接，间接

B、直接，直接

C、间接，直接

D、间接，间接

26、对未成年人的（　）案件，公安机关、检察机关和审判机关应当分别组成专门的预审组、起诉组、合议庭。

A、刑事犯罪

B、违法犯罪

C、刑事

D、违规违法

27、对未成年人的刑事案件公安机关、检察机关和审判机关应当分别组成专门的预审组、起诉组、合议庭，采取适合未成年人特点的方式进行（　）。

A、审查、询问、审理

B、质询、调查、审理

C、调查、质询、审理

D、讯问、审查、审理

28、对流浪乞讨的未成年人，按照国家的有关规定予以救助，并在救助场所内应当与流浪乞讨的成年人分开救助，同时提供（　）、（　），进行不良行为矫治，并在监护人的带领下可以离开救助场所。

A、心理辅导，短期教育

B、思想辅导，长期教育

C、思想辅导，短期教育

D、心理辅导，长期教育

29、人民法院对（　）周岁以上不满（　）周岁的未成年人刑事案件一律不公开审理。

A、12，18

B、12，16

C、14，16

D、14，18

30、被告人没有委托辩护人的，人民法院应当为其指定辩护人，并可以通知被告人的（ ）到场。

A、法定监护人

B、法定代理人

C、法定证人

D、律师

31、在审理未成年人刑事案件的过程中，各级人民法院可以委托（ ）未成年人保护委员会或者其他组织聘请社会调查员。

A、地方

B、国家

C、各级

D、直属

32、对羁押或者服刑的未成年人，应当同羁押或者服刑的（ ）（ ）。

A、成年人，分押、分管

B、未成年人，分押、分管

C、成年人，合押、分管

D、未成年人，合押、分管

33、《条例》第六十三条规定：未成年犯管教所、劳动教养机关与各区、县人民政府之间，应当签订（ ）协议。

A、互助互利

B、共同管理

C、帮教安置

D、经济援助

34、人民检察院不起诉、人民法院免予（ ）处罚或者宣告缓刑和刑满释放、被解除收容教养、劳动教养的以及受过公安机关治安管理处罚的未成年人，复学、升学、就业不受（ ）。

A、民事，限制

B、刑事，歧视

C、民事，歧视

D、刑事，限制

35、未成年犯管教所、劳动教养机关应当对正在服刑、接受收容教养、劳动教养的未成年人加强管理教育和（　）工作，组织他们参加力所能及的劳动，参加（　）学习。

A、心理辅导，思想文化

B、心理辅导，文化科学

C、思想改造，文化技术

D、思想改造，科学技术

36、下列由民政部门依法担任监护人的情况中错误的是（　）

A、没有祖父母、外祖父母、兄姐

B、祖父母、外祖父母、兄姐不具备监护能力的

C、有其他亲属、朋友担任监护人或有人领养的

D、父母所在单位、居民委员会、村民委员会没有监护能力的

37、（　）对未成年的子女、养子女、有抚养关系的继子女应当依法履行监护职责

A、父母、兄长、有抚养关系的继父母

B、父母、养父母、有扶养关系的继父母

C、姨父母、父母、兄长

D、兄长、叔伯、父母

38、对因（　）工作人员的违法、失职行为致使未成年人合法权益受到严重损害的，有权建议有关机关对责任人给予行政处分，直至依法追究刑事责任。

A、国家机关

B、非政府机构

C、社会团体

D、律师协会

39、父母死亡、丧失监护能力或者监护人监护资格被依法撤销的未成年人同时具备一些条件由（　）依法担任监护人：

A、民政部门

B、司法部门

C、检察机构

D、各级政府

40、未成年人有权对涉及本人利益的事项发表意见。任何组织和个人对未成年人的意见应当给予重视；处理与未成年人有关的事务，应当根据未成年人的（ ）及（ ），以其可以理解的方式告知未成年人。

A、年龄，宗教信仰

B、民族，教育程度

C、年龄，教育程度

D、年龄，智力成熟程度

41、对侵犯未成年人合法权益的行为，任何组织和个人都有权予以劝阻、制止，并有权向（ ）或者有关部门投诉、举报。

A、公安机关

B、未成年人保护委员会

C、法院

D、未成年人管理委员会

42、未成年人应当奋发向上，（ ）、（ ），遵守宪法、法律、法规和社会公德。未成年学生应当遵守学生守则。

A、自尊，自爱

B、自强，自护

C、自爱，自护

D、自尊，自强

43、（ ）和家庭应当对未成年人进行自我保护教育，增强未成年人的自我保护意识和能力。

A、街道

B、社区

C、学校

D、企业

44、各级工会、（ ）、妇女联合会、残疾人联合会应当发挥各自组织的作用，并动员社会力量，从多方面对未成年人进行培养教育，维

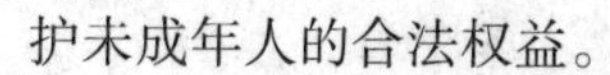

护未成年人的合法权益。

A、共青团委员会

B、党支部

C、民政部门

D、公安部门

45、任何组织和个人不得招用未满（　）周岁的未成年人。

A、14

B、15

C、16

D、18

46、父母或者其他监护人应当教育制止未成年子女或者其他未成年被监护人的下列行为，其中不满 16 周岁，未经父母或者其他监护人许可于（　）时以后外出

A、20

B、21

C、22

D、23

47、学校应当与家庭互相配合，密切联系，共同对未成年人进行理想教育、品德教育、文化知识教育和法制教育。学校应当聘请（　），担任学校专职或兼职法制辅导员或者法制校长。

A、法制工作者

B、公务员

C、心理咨询员

D、社会工作者

48、父母或者其他监护人和学校教师对进入青春期未成年人应当正确地给予生理上、心理上的关心、教育和指导。学校应当逐步配备符合具备法定资质条件的专职或者兼职（　），为在校接受教育的未成年人提供（　）。

A、社会工作者，爱国主义教育

B、心理教师，心理辅导

C、计算机工作人员，计算机知识教育

D、心理卫生教育人员，性教育

49、禁止学校、教师违反国家有关规定向学生收取费用和以罚款手段惩处违反校规的学生。学校不得（　）

A、强行要求学生捐款捐物

B、强行学生进行献血

C、要求学生进行集体游玩等活动

D、要求并干扰学生正常消费

50、法律、法规规定禁止未成年人进入的场所，应当在（　）设置未成年人禁入标志，不得允许其进入。

A、入口处

B、入口附近

C、入口处的显著位置

D、宣传广告上

未成年人平安自护知识自测题

1. 每年的“中小学生安全教育日”是在几月份？

A、三月

B、六月

C、十一月

2. 你知道下面哪些病是传染性极强的疾病？

A、非典型肺炎

B、艾滋病

C、癌症

3. 坐在火车上，对面的叔叔请你喝他带的可乐，你觉得哪种做法最妥当？

A、向他表示感谢，但不接受他的可乐

B、接过可乐，并说声“谢谢”

C、不吭声，保持沉默

4. 放学路上如果被陌生人跟踪，最不可取的做法是什么？

A、跑到人多的地方

B、打 110 报警

C、赶紧跑回家

5. 当你独自在家，有陌生人敲门时，最好的做法是什么？

A、始终不开门

B、觉得对方的理由充分就开门

C、把门打开问他有什么事

6. 如果在校外有人向你勒索金钱，事后你最应该做什么？

A、不能让任何人知道这件事，免得遭报复

B、以后每天带点钱，免得没钱挨打

C、尽快告诉爸爸、妈妈或老师

7. 如果被绑架，你觉得对自己更有利一些的做法是什么？

A、大声斥责绑架者

B、绝食

C、假装与绑架者合作，然后再伺机逃跑

8. 以下放学路上的哪些行为可能会给自己带来危险？

A、看热闹

B、为问路的陌生人带路

C、和同学一起回家

9. 7 岁的小丽在大街上和爸爸妈妈走散了，你觉得下面哪种做法可能非常危险？

A、找马路上的警察叔叔帮忙

B、在原地等待

C、跟一个说认识她的阿姨一起去找父母

10. 如果你经常外出带着家门的钥匙，下面的哪种做法可能会有危险？

A、把钥匙挂在脖子上

B、把钥匙放在衣兜里

C、把钥匙放在随身的包里

11. 油锅着火时，正确的灭火方法是：

A、用水浇

B、用锅盖盖灭

C、赶快去端油锅

12. 在火场中，充满了各种各样的危险：烈焰、高温、烟雾、毒气等。下面几种保护措施，哪一条是不正确的？

A、在火场中站立、直行，并大口呼吸

B、迅速躲避在火场的下风处

C、用湿毛巾捂住口鼻，必要时匍匐前行

13. 当身上衣服着火时，立即采取的正确灭火方法是什么？

A、赶快奔跑灭掉身上火苗

B、就地打滚压灭身上火苗

C、用手拍打火苗，尽快撕脱衣服

14. 家中常用的以下几种物品，哪些遇火可能爆炸？

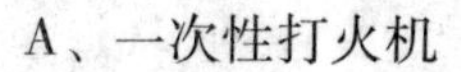

A、一次性打火机

B、洗发水

C、液化气罐

15. 家中电视机着火了，错误的做法是什么？

A、迅速拔掉电器电源插头，切断电源

B、灭火器直接对着荧光屏灭火

C、用水灭火

16. 下面的哪些做法会导致触电？

A、刚洗过手未来得及擦干就去拔电源插头

B、在电线杆附近放风筝

C、在有“高压危险”字样的高压设备5米外行走

17. 在室外遇到雷雨时，下面哪种做法不容易出现危险？

A、躲到广告牌下

B、躲到大树下

C、无处可躲时，双腿并拢、蹲下身子

18. 在家遇到烫伤，马上要做的第一件事是什么？

A、将烫起的水泡挑破

B、用自来水冲烫伤部位降温

C、抹上豆浆或食用油

19. 你知道年满多少周岁才能骑自行车上路吗？

A、10周岁

B、12周岁

C、14周岁

20. 遇到交通事故应拨打哪个电话？

A、122

B、114

C、119

21. 行人在道路上行走，必须走人行道，没有人行道的，应该怎么办？

A、靠右边走

B、自由行走

C、靠边行走

22. 当你刚刚开始过马路时,黄色的信号灯闪烁起来,你应该怎样做呢?

A、加快脚步跑过马路

B、立即停下脚步

C、立即停下脚步并退回安全线以内

23. 当你走到马路中间的时候，有一辆车开了过来，你应该怎么做更安全?

A、赶紧往回跑

B、赶紧冲过马路

C、站在马路中间的横线上让车辆通过

24. 小明每天上学都要通过一个铁路道口，你觉得他怎样做最安全?

A、直接从铁路上穿过去

B、看看左右没火车就快速走过去

C、在准许通过的信号灯亮时再通过

25. 在路上，很多小学生都带着黄颜色的帽子，这样做的原因是什么?

A、黄色的帽子好看

B、是校服，必须戴

C、醒目，更容易被司机发现

26. 下列蔬菜，那些会引起食物中毒?

A、已发芽的土豆

B、生韭菜

C、未煮熟的扁豆

27. 发现食物中毒后，自己能采取的最有效的一项应急措施是什么?

A、多喝开水

B、催吐

C、找解毒药

28. 未开启的罐头及真空包装的袋装食品，如果外包装发生鼓胀现象，你的判断是什么?

A、食品装得太多了

B、食品发酵，但可以吃

C、食品已变质，绝对不能吃

29. 发生煤气泄漏时，下面哪些措施是不正确的？

A、马上关掉煤气开关，不动任何电器开关

B、打开排气扇通风

C、打开门窗，让中毒者呼吸新鲜空气

30. 农药等化学药品污染人体皮肤后，不能用酒精或热水擦洗皮肤，这是为什么？

A、酒精会刺激皮肤

B、热水会烫伤皮肤

C、酒精和热水都会促使毒素被皮肤吸收

31. 如果身体出现了不明原因的疼胀，不要随便吃止痛药，主要原因是什么？

A、不一定能止痛

B、吃了会有副作用

C、止痛药可能会掩盖病因，不方便医生对症下药

32. 看看下面哪些做法是错误的？

A、被蚂蟥叮咬时，用力把蚂蟥拽出

B、被蜈蚣、毒蜘蛛、毒蛇咬伤后，可用拔火罐吸出毒液

C、用肥皂水冲洗昆虫咬伤之处

33. 被下列动物咬伤，哪些需要注射狂犬疫苗？

A、猫

B、狗

C、蛇

34. 小明的脚被蛇咬伤后，下面的哪个做法是正确的？

A、赶快用布条或绳子系住小腿下端

B、边跑边喊“救命”

C、用水冲伤口

35. 下课了，下面的哪些游戏方式不可取？

A、在操场土和同学一起跳绳、踢球

B、举行上楼梯比赛

C、把楼梯扶手当滑翔机

36. 在运动中发生意外伤害事故后，下列哪种做法是错误的?

A、碰伤、摔伤较严重的时候，不要轻易搬动伤者，以免加重伤势。

B、如果伤口出血较多，要用布条紧紧缠住，两个小时后再松开。

C、如果手指不幸被弄断，应把断指用干净的布或纸包起来，和伤员一起送往医院，让医生将断指接上。

37. 如果你不幸溺水，当有人来救你的时候，你应该怎样配合别人?

A、紧紧抓住那人的胳膊或腿

B、身体放松，让救你的人托着你的腰部

C、用双手抱住对方的身体

38. 下面关于自然灾害时的自我保护，哪种做法是错误的?

A、听说发了洪水，赶紧到水边去看热闹

B、住在高楼上，地震时赶紧躲到卫生间、桌子底下等空间狭小的地方

C、遇到热带风暴时，赶紧离开有玻璃的门窗

39. 下面关于少女预防性伤害的说法，哪一种是错误的?

A、除看病外，不能让任何男性以任何理由触摸自己身体的敏感部位，包括胸部、臀部、阴部等。

B、对陌生的男性当然要提防，而男老师、男性亲属长辈都是可以信任的。

C、女孩子不要跟不太熟悉的男性到不太熟悉的地方去。

40. 陌生网友约你见面，你觉得下面哪些做法不符合《青少年网络安全公约》的原则?

A、和他约好地点后见面

B、由父母陪同见面

C、拒绝见面

写给成年人的话

安全是一种意识，更是一种习惯。安全教育就是培养孩子的这种意识，使其逐渐养成习惯。同时，通过知识学习和实践活动，培养孩子健全的安全意识、完整的安全知识和全面的安全能力，使个体建立起有效的应对社会危险的自卫系统。

如何教孩子学会自我保护呢?

首先，应从小培养孩子自我保护的意识。

在如今的绝大部分家庭中，孩子自己无需担忧任何变化，几乎没有受挫的体验，也缺乏独立做判断和做决策的机会。而在这样的背景下成长的一代人，以后如何立足于充满竞争的社会呢？又如何应付生活中偶发的挫折和意外呢？所以，为了孩乎更好的发展，应从小就培养孩子自我保护的意识，在日常生活中让孩子养成自我保护的生活习惯。

比方说，在幼儿阶段，孩子刚开始学习用筷子吃饭，告诉他们不要把筷子叼在嘴里玩，防止不慎造成筷子伤到喉咙；出门时教孩子关好门窗，看煤气灶是否关掉，电源插头是否拔掉，水龙头是否拧紧，以免没人在家时造成不必要的意外……

教育孩子的过程中，尤其要注意培养孩子独立完成事情的能力。比如有位妈妈发现孩子从幼儿园回来后常常精神不振、神情不悦，孩子告诉家长，午睡时跟她睡一张床的小朋友一人占多半张床，挤得她无外安身。家长很心疼，但她强压下让老师解决问题的想法，对孩子说：“是呀，中午睡不好晚上就玩不好了，这可怎么办?”鼓励孩子自己想办法解决问题，学会争取自己的正当权益，打消了孩子事事依赖家长的思想。后来，孩子想了一个办法，小朋友一侵占她的空间，她就偷偷去挠他的脚丫，等小朋友缩回身子，她就停止动作，如此反复几次，终于帮那个小朋友改掉了不良的睡眠习惯，也很好地保护了自己的正当权益。

其次，家长要有意识地创设危险情境，教会孩子自我保护的方法。

教会孩子自我保护，提高他们的自卫能力是为了让他们更好地自立于社会之中。社会既不像孩子们想的那样是“一片净土”，也不像有些人觉得那样到处是尔虞我诈，所以危险的情况不会随时发生，这就需要家长平时要有意识地在现实生活中创设危险情境，以供孩子从中学习应对的方法。比方说，对幼儿，要教会他在公共场所走失后，应怎样求助，什么样的人才是可靠的求助者；在学龄阶段，应教会孩子一人在家时，如有陌生人敲门该怎样应对；放学回家的路上，有陌生人要领自己“玩”该怎么办等等，并可有效利用媒体中的相关资料教会孩子就会突发事件，如地震、火灾等。

另外，要让孩子明白自我保护与以自我为中心的区别，使孩子在勇于、善于自我保护的同时，能够从小就勇敢而机智地承担起适当的社会责任。平时，可以向孩予提一些这类问题，然后一起讨论解决的方法，比如：“如果在公交车上，你发现了一个贼正在偷别人的钱包，应该怎么办才能既维护了正义又不使自己受伤害?”“如果有小朋友落水了，你又不会游泳，应该采取什么措施才能既救了小朋友又保护了自己?”

某市民心河畔就曾发生过三个孩子相继落水身亡的事故，其中两个孩子都是为了救落水的同伴却又不得法而滑入水中的。所以家长应该提前做好预防，使孩子的应争能力得到锻炼。

最后，教会受害受骗后的孩子进行自我心理疏导和自我救护，从而避免更严重的伤害。

某市有一个六岁男孩，被拐卖三年后又自己逃回了家中。拐卖过程中，开始时他拼死反抗，但得到的只是拳头和斥骂，后来他学“乖”了，嘴上叫着“爸爸”、“妈妈”，还帮着家里干活，照顾小弟弟，不再提回家的事。等时间长了，“家人”放松警惕后，他利用和两岁的小弟弟出去玩的机会，爬上火车辗转数千里，又回到了家中。

被拐卖当然是比较极端的例子，而孩子在现实生活中总是可能受到不同程度的欺骗和伤害，因此对受过欺骗和伤害的孩子的心理疏导也是一个重要的问题。受伤害后的孩子，心理上或多或少都会有创伤和阻影，从而使他们变得敏感、焦虑、恐惧、多疑、自卑等，如上面例子中提到的那个男孩，在回家的路上，就连民警的帮助都不肯接受。家长应教会孩子认清现实，接受现实，并努力营造温馨、舒适、和谐、安全的家庭环境，来消除孩子的心灵创伤。逃避不谈不是最好的方法，应该在适当的时候与孩子认真交谈，并对其中他们勇敢、机智的一面及时做出肯定，增强孩子的自信，并使孩子从中得到经验，避免以后发生类似的事情。如果需要的话，还可以在心理医生的指导下，对孩子进行心理疏导，解开孩子的心结，使他们能快乐、健康地生活。

另外，家长还应注意，在日常生活的意外中，家长应表现出应有的镇静、清醒、机智、聪慧、勇敢、坚毅等良好的个性以及灵活的应对方式，给孩子起到一个好的示范作用。

需要注意的是，“自我保护”中的“自我”既是个人的“小我”，也是集体中的“大我”，所以，在教育的过程中还应提倡青少年的相互保护，注意培养孩子的奉献精神。

编者的话

《未成年人平安自护读本》依照《中华人民共和国未成年人保护法》和《中共中央国务院关于进一步加强和改进未成年人思想道德建设的若干意见》，本着高度的社会责任感，怀着对广大未成年人的关爱之情，在多方协同下编纂而成。本书由中共吉林省委宣传部组织力量编写，作为全省未成年人自我保护教育的通俗读本。

本书的撰稿人，既有长期从事中小学思想品德教育的教育工作者，也有长期从事临床救护工作的医务工作者。《新长征》杂志社的方世辰，吉林日报社的宋梅秋、徐峰承担了本书大量的校对工作。

在本书的编写过程中，得到了关心、关注广大未成年人健康成长的社会各界人士的支持和帮助。在此一并表示感谢。